어휘력과 문해력이 쑥쑥 자라는

초등교과서 어휘일력 365

여성오 지음

일상이상

일상과 이상을 이어주는 책 **일상이상**

초등교과서 어휘 일력 365

ⓒ 2024, 여성오

초판 1쇄 찍은날 2024년 12월 5일

초판 1쇄 펴낸날 2024년 12월 24일

펴낸이 김종필

펴낸곳 일상과이상

출판등록 제300-2009-112호

주소 경기도 화성시 봉담읍 와우로34번길 63 104-905

전화 070-7787-7931

팩스 031-225-7931

이메일 fkafka98@gmail.com

ISBN 979-11-94227-03-8 (13590)

지은이 **여성오**

서울대학교 인문대학 국사학과 재학 시절 서울대 총학생회장을 역임하고, 공인노무사로 민주노총 서울본부에서 활동했다. 2005년부터 대치동 무지개 논술학원에서 학생들을 가르치기 시작했으며, 서울대 통합교과형 논술과 연세대 다면사고형 논술 등 대입 논구술 기출문제 자료집을 제작하고, 대일외고, 명덕외고, 과천외고, 양서고 등에서 방과후학교 특강을 진행하며 대입 논구술 및 학생부 세특, 독서 수업 모델을 개발해 왔다.

현재 (주)씨앤에이논술 대치본원 원장으로 대치, 잠원, 목동, 강동, 일산, 평촌, 동탄 등 직영 배움터와 전국 80여 가맹 배움터에서 초중고 독서토론논술 수업을 대중화하고 있다. 저서로는 『대치동 독서법』, 『대치동 초등독서법』, 『대치동 글쓰기』 등이 있다.

어휘력과 문해력이 쑥쑥 자라길 바라며

"명백히 잘못된 전제를 기초로 한 이데올로기는 재앙으로 직결될 수 있다. 인간의 평등을 옹호하기 위해 모든 인간이 동일하다고 주장하는 것이다. 동일성이라는 것이 존재하지 않는다는 사실이 입증되자마자 평등에 대한 지지도 똑같이 사라진다."

2024학년도 서울대학교 수시 의과대학 MMI(다중미니면접) 기출문제 제시문의 일부입니다. '전제'와 '이데올로기' 같은 어휘는 물론 '동일성'과 '평등'에 대한 심층적인 독해력이 요구됩니다. 인공지능 시대를 맞아 의대든 서울대든 문해력을 내신과 수능 이상의 덕목으로 요구하고 있습니다.

2025년부터 고교 내신이 기존 9등급제에서 5등급제로 변화합니다. 2028학년도 사회와 과학이 공통 필수인 통합 수능이 실시됩니다. 내신과 수능의 변화로 인해 주요 대학들은 구술면접고사와 같은 대학별고사를 강화하는 추세입니다.

내신이든 수능이든 면접이든 출발은 독서입니다. 초등 저학년 시기에는 전략적 독서를 위한 기초 어휘력을 길러야 합니다. 어휘에 대한 관심은 지적 호기심과 직결됩니다. 풍부한 어휘력은 독서의 탄탄한 기반이 되어 줍니다. 독서로 쌓은 배경지식은 입시뿐만 아니라 삶 전반을 윤택하게 도와주는 내공이 됩니다.

《초등교과서 어휘 일력 365》에서는 임금님과 백작, 스크롤과 메일, 양식과 분해 등 초등학교 교과서에 수록된 어휘들을 학년별 점층적 난이도로 소개했습니다. 국가주의와 민족주의, 계층이동성과 ESG 경영 등 특목고 및 대입 면접 주요 용어들까지 매일 하나씩 체득할 수 있도록 했습니다. 몸과 마음 그리고 어휘력과 문해력이 쑥쑥 자라는 학생들의 모습을 기대합니다.

대치동 20년 차를 맞아

씨앤에이논술학원 여성오 원장

차례

머리말 | 어휘력과 문해력이 쑥쑥 자라길 바라며

1월

흉내 | 기분 | 역할 | 관람 | 자음 | 겹받침 | 하마터면 | 요원 | 존중 | 발표 | 북극 | 인상 | 그림일기 | 임금님 | 백작 | 까투리 | 꺼병이 | 세종 | 스크롤 | 메일 | 와이파이 | 충전 | 응원 | 도서관 | 켤레 | 수저 | 발명 | 일회용품 | 대피 | 출동 | 설명서

2월

독도 | 빨판 | 우엉 | 재채기 | 낭송 | 브로콜리 | 개운하다 | 복슬강아지 | 곱슬머리 | 보건실 | 봉지 | 양치기 | 우주 | 전학 | 오존층 | 탄산 | 허락 | 명탐정 | 소문 | 헬리콥터 | 상상 | 코허리 | 초대 | 광장 | 곰곰이 | 병풍 | 비속어 | 실망

3월

조언 | 반응 | 변명 | 이삭 | 사랑방 | 공기놀이 | 문장 부호 | 엽전 | 올해 | 황량하다 | 묘목 | 공익 광고 | 누리집 | 매체 | 에티켓 | 공지 사항 | 자유 | 다육 식물 | 반복 | 택배 | 극세사 | 잠자리채 | 안짱걸음 | 끗수 | 방언 | 윷놀이 | 소음 | 제사상 | 정월 대보름 | 부럼 | 수확

4월

초승달 | 선달 | 표류기 | 뭍 | 키 | 너부죽이 | 까부라지다 | 비장 | 경사 | 잠수함 | 타악기 | 원인 | 전용 | 재활용 | 청사 | 흉년 | 분야 | 표지 | 람사르 습지 | 곤충 | 누명 | 당선 | 궁녀 | 상궁 | 젠체하다 | 볏단 | 깨금발 | 화학 약품 | 갯벌 | 양식

5월

분해 | 꽃샘추위 | 토박이말 | 불볕더위 | 건들바람 | 된서리 | 진눈깨비 | 적삼 | 모시 | 무명 | 비단 | 감각 | 조율사 | 높임 표현 | 얌체공 | 배턴 | 계시 | 태극기 | 날실 | 자 | 처방 | 닥풀 | 재판 | 배려 | 낙숫물 | 자기장 | 가화만사성 | 아나바다 | 비색 | 기품 | 풍파

6월

궁상맞다 | 마름질 | 주발 | 부뚜막 | 꼬소롬하다 | 부아 | 켕기다 | 홧홧거리다 | 모정 | 무슬림 | 관용 | 즉위식 | 보좌 | 조아리다 | 유배 | 사기 | 간신배 | 정적 | 편찬 | 전폭적 | 성현 | 창작욕 | 지가 | 권리 | 날개를 달다 | 이무기 | 그림말 | 권법 | 광 | 양민

7월

여의다 | 실학 | 동지 | 신작로 | 봉당 | 두레 | 이산가족 | 누리 소통망 | 농한기 | 어르다 | 상설 | 소모 | 우울증 | 호응 | 글감 | 주제 | 장날 | 즉흥 | 낟가리 | 소품 | 뜬금없다 | 걸림돌 | 유의어 | 모여나기 | 닥나무 | 콩대 | 잇꽃 | 망태기 | 옻칠하다 | 무분별 | 자제

8월

관서 지방 | 청일전쟁 | 피란 | 차용증 | 화기환 | 자아 존중감 | 사이버 공간 | 누리꾼 | 네티켓 | 개인 정보 | 저작권 | 사이버 폭력 | 선플 | 멈숨듣반 | 인권 | 육하원칙 | 큐 드럼 | 라이프 스트로 | 호주제 | 띠앗 | 판서 | 견문 | 문하생 | 화첩 | 기껍다 | 행장 | 탁본 | 부임지 | 성글다 | 띠풀 | 섭리

9월

투박하다 | 손사래 | 바지랑대 | 눈시울 | 발이 넓다 | 쇠뿔도 단김에 빼라 | 손이 크다 | 손꼽아 기다리다 | 간이 크다 | 깃발 아래 | 가는 말이 고와야 오는 말이 곱다 | 소 잃고 외양간 고친다 | 공정 무역 | 단정적 | 모호하다 | 주관 | 열 번 찍어 안 넘어가는 나무 없다 | 입만 아프다 | 입을 모으다 | 천 리 길도 한 걸음부터 | 천하를 얻은 듯 | 코 묻은 돈 | 코가 꿰이다 | 코가 높다 | 하나를 보고 열을 안다 | 하나만 알고 둘은 모른다 | 벼 이삭은 익을수록 고개를 숙인다 | 불난 집에 부채질한다 | 손바닥으로 하늘을 가리기 | 아닌 땐 굴뚝에 연기 날까

10월

애간장을 태우다 | 누워서 떡 먹기 | 눈에 띄다 | 눈이 높다 | 마른하늘에 날벼락 | 말 한마디에 천 냥 빚도 갚는다 | 머리를 맞대다 | 물 쓰듯 하다 | 발 벗고 나서다 | 간 떨어지다 | 공든 탑이 무너지랴 | 구슬이 서 말이라도 꿰어야 보배 | 귀가 따갑다 | 귀에 익다 | 까마귀 날자 배 떨어진다 | 꼬리가 길다 | 낫 놓고 기역 자도 모른다 | 낮말은 새가 듣고 밤말은 쥐가 듣는다 | 새문 | 관점 | 홍익인간 | 로봇세 | 열하일기 | 장상 | 식경 | 착한 사마리아인의 법 | 기후변화협약 | 과장 | 과장 광고 | 허위 광고

11월

뉴스 | 타당성 | 입양 | 소그드인 | 가죽 | 초피 | 대상 | 자주 | 존재 | 애타다 | 미천하다 | 빈천 | 슈바이처 | 마중물 | 요양원 | 성찰 | 유언 | 격언 | 좌우명 | 암담하다 | 자화상 | 자율 주행 | 청진기 | 논란 | 차별 | 등급 | 분단 | 통일 | 공동체 | 번영

12월

인류애 | 국제 | 국경 | 분배 | 망명 | 비무장 지대 | 국가주의 | 민족주의 | 지속 가능한 개발 | 디지털 전환 | 사회 보장 제도 | 계층 이동 | 패권 | 정보 보안 | 뉴노멀 | 유전자 편집 | 플랫폼 노동 | ESG | 평생 학습 | 청년 실업 | 젠더 | 혐오 표현 | 미디어 리터러시 | 가상 화폐 | 메타버스 | 세계 시민 의식 | 주5일 근무제 | 저출산 | 고령화 | 미세먼지 | 신재생 에너지

1일

흉내

남이 하는 말이나 행동을 그대로 옮기는 짓

초등학교 1학년 교과서

흉내 내는 말

흉내 내는 말은 사람이나 사물의 소리나 모습을
나타내는 말입니다. 흉내 내는 말을 사용하면 같은 내용도
재미있고 실감 나게 표현할 수 있습니다.

흉내 내는 말들

① 쿨쿨 : 곤하게 깊이 자면서 숨을 크게 쉬는 소리 또는 그 모양
② 주르륵 : 물건 등이 비탈진 곳에서 빠르게 잠깐 미끄러져 내리다가 멎는 모양
③ 대롱대롱 : 작은 물건이 매달려 가볍게 잇따라 흔들리는 모양
④ 오순도순 : 정답게 이야기하거나 의좋게 지내는 모양
⑤ 살금살금 : 남이 알아차리지 못하도록 눈치를 살펴 가면서 살며시 행동하는 모양

예문

· 나무꾼의 도끼가 연못에 풍덩 빠져버리고 말았습니다.
· 나무꾼은 털썩 주저앉아 엉엉 울고 말았습니다.
· 나무꾼이 우는 모습을 보고 토끼가 깡충깡충 곁으로 뛰어왔습니다.

2일

기분

氣 기운 기, 分 나눌 분

어떤 일에 대해서 생기는 마음의 상태

초등학교 1학년 교과서

기분을 나타내는 말

어떤 일에 대해서 생기는 마음의 상태를 기분이라고 해요.
감정이나 느낌도 기분과 비슷한 말이지요.
'즐겁다, 심심하다, 놀랍다, 부끄럽다, 슬프다'와 같은 말들은 모두
마음을 나타내는 말, 즉 '기분'을 나타내는 말이랍니다.

기분을 나타내는 말들

① 설레다 : 마음이 가라앉지 아니하고 들떠서 두근거리다.
② 즐겁다 : 마음에 거슬림이 없이 흐뭇하고 기쁘다.
③ 창피하다 : 체면이 깎이는 일이나 아니꼬운 일을 당하여 부끄럽다.
④ 반갑다 : 그리워하던 사람을 만나거나 원하는 일이 이루어져서 마음이 즐겁고
   기쁘다.

예문

• 학교에 입학하여 새로운 친구들을 만날 생각에 마음이 설레요.
• 학교에서 사귄 친구들과 운동장에서 신나게 뛰어노니 즐겁습니다.
• 수업 시간에 친구와 이야기하다가 선생님께 꾸중을 들어서 창피합니다.
• 복도에서 보고 싶었던 친구를 만나서 반갑습니다.

3일

역할
役 부릴 역, 割 나눌 할

자기가 마땅히 해야 할 일이나 맡아서 하는 일

초등학교 1학년 교과서

나의 역할은 무엇일까?

내가 할 일은 무엇인가요? 학교에서는 공부를 열심히 하고,
집에서는 부모님 말씀을 잘 듣는 것이 내가 할 일이에요.
이와 같이 내가 맡아서 하는 일이나 마땅히 해야 할 일을 '역할'이라고
해요. '역할'은 '역활'이라고 쓰지 않도록 주의하세요.

역할을 나타내는 말들

① 학생 : 공부를 배우는 사람
② 아들 : 남자로 태어난 자식
③ 당번 : 어떤 일을 책임지고 돌보는 차례가 되거나 그 차례가 된 사람

예문

• 나는 학교에서 공부해야 하는 학생입니다.
• 나는 집에서 부모님의 말씀을 잘 듣는 아들입니다.
• 내 짝 영수는 청소 당번을 맡았습니다.

비슷한 말

구실 : 자기가 마땅히 해야 할 맡은 바 책임
[예] 청소기가 자꾸 고장이 나서 자기 구실을 못 하고 있습니다.

4일

관람
觀 볼 관, 覽 볼 람

연극, 영화, 운동 경기, 미술품 따위를 구경함.

초등학교 1학년 교과서

관람은 무슨 말일까?

'관람'은 '연극, 영화, 운동 경기, 미술품 따위를 구경함'을
뜻하는 말입니다. '관람료', '미성년자 관람 불가'라는 말을
들어본 적 있나요? '관람료'는 관람하기 위해 내는 요금이고,
'미성년자 관람 불가'는 성인이 아닌 미성년자는 관람할 수 없다는 말입니다.

관람과 관련된 말들

① 단체 관람 : 여러 사람이 연극, 영화, 운동 경기, 미술품 따위를 구경함.
② 갈채 : 외침이나 박수 따위로 찬양이나 환영의 뜻을 나타냄.

예문

• 관람을 마치고 밖으로 나왔을 땐 벌써 밤은 여덟 시를 넘고 있었으며….
• 김 씨 아저씨는 천마총 관람을 하기 위해 표를 사 들고 들어오는 신혼부부를
맞이했다.

비슷한 말

구경 : 흥미나 관심을 가지고 봄.
[예] 학교에서 단체로 동물원 구경을 했습니다.

5일

자음

子 아들 자, 音 소리 음

입, 혀 따위의 발음 기관에 의해 구강 통로가 좁아지거나 완전히 막히는 따위의 장애를 받으며 나는 소리

초등학교 1학년 교과서

'자음'과 관련된 말은 어떤 것들이 있을까?

'ㄱ, ㄲ, ㄴ, ㄷ, ㄸ, ㄹ, ㅁ, ㅂ, ㅃ, ㅅ, ㅆ, ㅇ, ㅈ, ㅉ, ㅊ, ㅋ, ㅌ, ㅍ, ㅎ'은 자음이고,
'ㅏ, ㅑ, ㅓ, ㅕ, ㅗ, ㅛ, ㅜ, ㅠ, ㅡ, ㅣ'는 모음입니다.

조음의 위치에 따른 자음의 분류

- 입술소리(순음) : ㅁ, ㅂ, ㅃ, ㅍ
- 잇몸소리(치조음) : ㄴ, ㄷ, ㄸ, ㅌ, ㄹ, ㅅ, ㅆ
- 센입천장소리(경구개음) : ㅈ, ㅉ, ㅊ
- 여린입천장소리(연구개음) : ㄱ, ㄲ, ㅋ, ㅇ
- 목청소리(후음) : ㅎ

6일

겹받침

서로 다른 두 개의 자음으로 이루어진 받침

초등학교 1학년 교과서

겹받침은 어떤 것들이 있을까?

'ㄳ, ㄵ, ㄺ, ㄻ, ㄼ, ㄾ, ㅄ'은 겹받침인데, 두 개의 자음 중 하나만 발음됩니다.

발음되는 소리는 음절의 끝소리 규칙을 따릅니다.

음절의 끝소리 규칙

① 'ㅄ, ㄳ, ㄾ, ㄼ, ㄵ'은 첫째 자음만 발음됩니다.
값→[갑], 몫→[목], 외곬→[외골], 핥고→[할꼬], 앉고→[안꼬]

② 'ㄻ, ㄿ'은 둘째 자음만 발음됩니다.
젊다→[점따], 읊지→[읍찌]

③ 'ㄺ, ㄼ'은 첫째 발음될 수도 있고 둘째 자음만 발음될 수도 있어서 불규칙적입니다.
읽고→[일꼬], 넓다→[널따], 밟다→[밥따]

7일

하마터면

조금만 잘못했더라면,
위험한 상황을 겨우 벗어났을 때 쓰는 말

초등학교 1학년 교과서

'하마터면'은 어느 때 쓰일까?

'하마터면'은 주로 '-ㄹ 뻔하다'와 함께 쓰이는데,
조금만 잘못하였더라면, 앞 내용이 이유나 원인이 되고 뒤 내용이
실제로 일어나지는 않았지만 일어날 수 있었던 가정적 결과를
말할 때 쓰여 앞뒤 문장이나 구절을 이어 주는 말입니다.

예문

· 하마터면 언니가 몰고 가던 차가 교통사고를 일으킬 뻔했다.
· 길을 가다가 그는 돌부리에 걸려 하마터면 넘어질 뻔했다.
· 그는 늦잠을 자는 바람에 하마터면 회사에 지각할 뻔했다.
· 그녀는 너무 운동장에 오래 서 있어서 하마터면 그 자리에서 주저앉을 뻔했다.
· 한참 경황없이 달리다가 앞에서 마주 오는 사람과 하마터면 충돌할 뻔했다.

8일

요원 要 구할 요, 員 사람 원

어떤 일을 하는 데 꼭 필요한 사람

초등학교 1학년 교과서

'요원'은 어떤 사람일까?

'요원'은 '어떤 일을 하는 데 꼭 필요한 사람'을 뜻하는 말입니다.
'어떤 기관에서 어떤 일을 하는 데 꼭 필요한 사람' 또는
'중요한 지위에 있는 사람'을 뜻합니다.

**동음
이의어**

'요원(遙遠)하다'는 '아득히 멀다'를 뜻하는 말입니다.
[예] 성공이 요원하다.
[예] 아직 그곳에 도착하기란 요원한 일이다.

예문

• 그는 지난 전쟁 때 무슨 특수 부대의 요원으로서 사선을 아침저녁으로
무수히 넘나든 사내로 알려져 있었다.

9일

존중 <small>尊 높을 존, 重 무거울 중</small>

높이어 귀중하게 대함.

초등학교 1학년 교과서

서로 '존중'하는 사람이 되어 봅시다. ▶

학교에서 만나는 선생님, 친구들 그리고 다른 사람들과 함께
생활하면서 서로 존중하고 배려해야 합니다.

예문

- 가까운 친구일수록 서로 존중이 필요하다.
- 이 이야기는 생명 존중을 교훈으로 하고 있다.
- 인간 존중은 민주주의의 기본이다.
- 우리는 앞 세대 분들의 글에서 누적된 경험을 존중해야 한다.
- 소수 의견의 존중은 민주적 의사 결정 방법의 한 가지 원리이다.

10일

발표

發 쏠 발, 表 겉 표

어떤 사실이나 결과, 작품 따위를 세상에 널리 드러내어 알림.

초등학교 1학년 교과서

'발표'할 때는 어떻게 해야 할까?

여러 사람 앞에서 발표할 때는 듣는 사람을 바라보며
자신 있게 말해야 합니다. 고개를 숙이거나 머리를 긁적이지 않고
바른 자세로 발표해야 합니다.

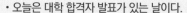

예문

- 오늘은 대학 합격자 발표가 있는 날이다.
- 입상자 발표는 시월에나 있을 예정입니다.
- 기상청의 발표에 따르면 유월 하순에 장마가 시작된다고 합니다.
- 그런데 그때였다. 라디오에서 중대 발표가 있다는 것이었다.
- 국회의원 선거 당선자를 발표하겠습니다.

11일

북극

北 북쪽 북 極 다할 극

지구 자침(磁針)이 가리키는 북쪽 끝

초등학교 1학년 교과서

'북극'과 비슷한 말은 어떤 것들이 있을까?

'북극'은 '지구 자침(磁針)이 가리키는 북쪽 끝' 또는
'지구 지축(地軸)의 북쪽 끝'을 나타내는 말입니다.
엔(N)으로 표시합니다. 북극과 비슷한 말로는 '북극점, 북자극,
엔극' 등이 있습니다. 북극의 반대말은 '남극'입니다.

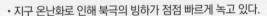

예문

· 지구 온난화로 인해 북극의 빙하가 점점 빠르게 녹고 있다.
· 아무리 추워도 북극 동물들은 잘 견딘다.
· 북극을 원정했던 탐험대가 이번에는 남극 탐험을 계획하고 있다.
· 러시아 푸틴 대통령이 직접 핵잠수함을 타고 북극 심해에서 모의 핵전
쟁 훈련을 지휘했습니다.
· 그는 지난해 북극 탐험에 이어 올해 남극 탐험에 성공하여 지구의
· 양극을 정복한 사람이 되었다.

12일

인상 <small>印 찍을 인, 象 모양 상</small>

어떤 대상에 대하여 마음속에 새겨지는 느낌

초등학교 1학년 교과서

'인상'과 관련된 말은 어떤 것들이 있을까?

인상(을) 쓰다 : 언짢거나 성나거나 하여 험악한 표정이나 좋지 아니한 표정을 짓다.

인상(을) 긁다 : 언짢거나 성나서 험악한 표정이나 좋지 아니한 표정을 짓다.

인상(이) 깊다 : (무엇이) 마음속에 뚜렷하게 남거나 잊혀지지 않다.

인상(이) 짙다 : (어떤 대상이) 꼭 그럴 것 같다는 기분이나 느낌이 들다.

동음 이의어

① 인상(人相) : 사람 얼굴의 생김새 또는 그 얼굴의 근육이나 눈살

② 인상(引上) : 물건 따위를 끌어 올림. 물건값, 봉급, 요금 따위를 올림. 체육 역도 경기 종목의 하나

예문

· 요새 젊은이들의 옷차림을 보거나 말하는 것을 듣고 인상을 쓰시는 어른들이 많이 있다.

· 그렇게 인상 쓰지 마시고 그만 화를 푸세요.

· 아무 까닭 없이 그녀에게 인상이 쓰이는 것은 아무래도 과거의 나쁜 기억 때문일 것이다.

· 그는 집 나간 아들의 이름만 들어도 얼굴에 인상이 쓰였다.

13일

그림일기

그림,
日 날 일,
記 기록할 기

그림을 위주로 하여 적는 일기

초등학교 1학년 교과서

'그림일기'를 써 볼까?

오늘 있었던 일과 그 일에 대한 생각이나 느낌을 쓴 글을
'일기'라고 해요. '그림일기'는 그림을 함께 그려서 쓰는 일기를
말해요. 오늘 있었던 일과 나의 마음이 잘 드러나도록 그림일기를 써 볼까요?

예문

- 오늘 학교에서 상을 받은 일을 그림일기로 썼습니다.
- 가장 기억에 남는 일을 그림일기로 써 봅시다.
- 나는 어린 시절 그림일기에 사람들의 모습을 우스꽝스럽게 그려 누나에게 놀림을 받곤 했다.
- 다섯 살배기의 동생이 누나의 그림일기를 뜯어 읽었다.

14일

임금님

'임금'의 높임말

초등학교 1학년 교과서

'임금'과 비슷한 말은 어떤 것들이 있을까?

'임금'은 왕이 다스리는 군주 국가에서 나라를 다스리는
우두머리입니다. 임금과 비슷한 말로는 '왕(王)'이 있습니다.

**동음
이의어**

임금(賃金) : 근로자가 노동의 대가로 사용자에게 받는 보수, 급료, 봉급,
수당, 상여금
[예] 물가는 오르고 임금은 물가 인상을 따르지 못하니 생활이 어렵다.

예문

• 세종은 조선 4대 임금이다.
• 신하 없는 임금이 어떻게 서며, 자식 없는 아비가 어떻게 서며, 제자
  없는 스승이 어떻게 설 수 있겠는가?
• 옛날 옛적에 어느 임금님이 신기한 맷돌을 가지고 있었습니다.

15일

백작  伯 맏 백, 爵 작위 위

다섯 등급으로 나눈 귀족의 작위 가운데 셋째 작위

> 초등학교 1학년 교과서

중세 봉건 사회의 신분 ▶

중세 봉건 사회의 신분은 제1신분인 성직자, 제2신분인 귀족, 제3신분인 평민으로 나뉘었습니다. 지배 계급은 성직자와 귀족이었으며, 피지배 계급은 평민으로 대부분이 농민이었으며 시민도 제3신분에 속하였습니다. 귀족은 수 세기 동안 유럽 사회를 지배하였으며 공작, 후작, 백작, 자작, 남작, 기사 등이 이에 속하였습니다.

예문

- 아이쿠가 카르망 콩드 백작을 할머니라고 부르는 장면이 기억에 남았어.
- 성난 군중들의 목소리가 들려왔지만 백작은 미간을 찌푸리며 고개를 돌려 못 본 척 그 장소를 지나쳤다.
- 귀부인은 마차를 타고 떠나는 백작을 배웅하고 있다.
- 그는 백작에게 정식으로 결투를 신청하는 도전장을 보냈다.
- 저 성에 사는 백작이 사람의 피를 빨아먹는 흡혈귀라는 소문이 있다.

16일

까투리

꿩의 암컷

초등학교 1학년 교과서

꿩의 수컷은 뭐라고 불러야 할까?

꿩은 닭과 비슷한 크기인데, 알락달락한 검은 점이 많고 꼬리가 깁니다.
수컷은 목이 푸른색이고 그 위에 흰 줄이 있으며 암컷보다 크게 웁니다.
암컷은 수컷보다 작고 갈색에 검은색 얼룩무늬가 있습니다.
꿩의 수컷은 '장끼'라고 하고 꿩의 암컷은 '까투리'라고 합니다.
'까투리'와 비슷한 말로는 '암꿩'이 있습니다.

예문

- 아기 거북은 왜 혼자 까투리 가족의 집으로 오게 되었나요?
- 장끼 한 마리와 까투리 한 마리가 푸르릉 날아올라서 전나무 숲으로 날아갔다.
- 겨울이 가고 봄이 왔다. 장끼가 울고 까투리가 숱하게 새끼를 쳤다.
- 엄동설한에 배를 주린 장끼가 까투리와 함께 넓은 들에 내려와 붉은 콩 한 알을 발견하였다.
- 가까운 어느 숲속에 와서 장끼 한 마리가 늠품 없는 꽉 막힌 목청으로 까투리를 부르고 있었다.

17일

꺼병이

꿩의 어린 새끼

> 초등학교 1학년 교과서

'꺼병이'가 사람을 가리키는 말로도 쓰인다고?

'꺼병이'는 '외양이 잘 어울리지 아니하고 엉성하게 생긴 사람'을
뜻하기도 합니다. 원래 꿩의 어린 새끼를 꺼병이라고 하는데,
꿩의 'ㅜ'와 'ㅇ'이 줄고 '병아리'가 '병이'로 바뀌어 꺼병이가 된 것입니다.
이 꺼병이는 암수 구분이 안 되는 데다 모양이 거칠고 못생겨서,
사람의 생김새를 꿩의 새끼에 빗대어 꺼병이라고 이르게 되었습니다.

예문
- 꺼병이의 암컷은 막 날기 시작한 암꿩이지.
- 산에 가서 꺼병이 한 마리 잡아 오너라.
- 꺼병이의 수컷 한 마리와 웅치 한 마리가 같이 있다.

비슷한 말
꿩병아리 : 꿩의 어린 새끼
[예] 갓 부화한 꿩병아리들은 등에 까만 줄이 나 있다.

18일

세종
世 대 세, 宗 마루 종

조선의 제4대 왕

초등학교 1학년 교과서

'세종대왕'은 어떤 왕이었을까?

'세종대왕'은 조선의 제4대 왕(1397~1450,
재위 1418~1450)이고, 이름은 도(祹), 자는 원정(元正)이며,
시호는 장헌(莊憲)입니다. 1418년에 왕세자에 책봉되고,
그해 8월에 22세의 나이로 태종의 왕위를 받아 즉위하였습니다.
집현전(集賢殿)을 두어 학문을 장려하였고, 유교 정치의 기반이 되는 의례,
제도를 정비하였으며 다양하고 방대한 편찬 사업을 이루었습니다.
또 백성을 위해 한글을 창제해 민족 국가의 기틀을 확고히 다졌습니다.

예문

- 세종대왕 탄신을 기념하는 행사가 열렸다.
- 세종대왕은 학문과 과학에 조예가 깊은 성군이셨다.
- 세종대왕은 역사에 길이 남을 많은 업적을 이루었다.
- 세종대왕은 훈민정음에 한글의 창제 목적을 명기했다.
- 세종대왕은 1443년에 한글을 창제하였으며 3년 후에 이를 반포하였다.

19일

스크롤 scroll

컴퓨터 화면을 아래, 위, 왼쪽, 오른쪽으로 움직이는 것

> 초등학교 1학년 교과서

'스크롤'에 대해 좀 더 알아볼까?

'스크롤'은 '컴퓨터 화면에 나타난 내용이 상하 또는 좌우로 움직이는 것'을 뜻하는 말입니다. 화면에 표현되는 정보의 양이 한 화면 분량을 넘으면 이미 화면에 표현된 내용 전체가 상하 또는 좌우로 움직입니다.

예문

- 그녀가 인터넷에 올린 글은 너무 길어서 한참 스크롤을 해야 했다.
- 기존의 모바일 슈팅 게임은 아래에서 위로 이동하는 종스크롤 게임이 많지만, 이 게임은 좌우로 이동하는 횡스크롤 게임이다.
- 온라인에서 쇼핑 방식은 분명 간결하게 바뀌고 있다. 스크롤 압박이 느껴질 만큼의 많은 이미지나 플래시의 움직임으로 소비자들의 눈을 빼앗는 것은 오히려 기술이 진보함에 따라 불필요한 식상함을 가져온다.

20일

메일 mail

컴퓨터의 이용자끼리 통신 회선을 이용하여 주고받는 글

초등학교 1학년 교과서

'스팸 메일'은 무엇일까?

'스팸 메일(spam mail)'은 '불특정한 다수의 통신 사용자에게 일방적으로 전달되는 광고성 메일'을 뜻하는 말입니다. 다른 말로 '정크 메일'이라고도 합니다. '스팸(spam)'은 '인터넷을 이용하여 다수의 수신인에게 무작위로 발송된 이메일 메시지'를 뜻합니다.

예문

- 지금 당장 메일 확인해 봐.
- 오늘 회의 결과는 정리해서 메일로 보내 드리겠습니다.
- 우리 부서는 보충 인력의 구인 광고를 전자 메일에 공시했다.
- 삼성전자가 동영상 메일을 주고받을 수 있는 캠코더폰을 국내 처음으로 출시했다.

21일

와이파이 Wi-Fi

가까운 거리 안에서 무선 인터넷을 이용할 수 있는 통신망

초등학교 1학년 교과서

와이파이는 무엇일까?

'와이파이'는 무선 인터넷이 개방된 장소에서, 스마트폰이나
노트북 등을 통하여 초고속 무선 인터넷을 이용할 수 있는 설비입니다.
무선 접속 장치(AP)가 설치된 곳을 중심으로 일정 거리 이내에서
이용할 수 있습니다.

예문

- 웬만한 대학에서는 와이파이망이 개방돼 있다.
- 와이파이망을 이용함으로써 사실상 무료 통화가 가능해졌다.
- 학교 폭력 중 하나인 '와이파이 셔틀'은 최근 들어 떠오르는 신종 학교 폭력이다.
- 해외의 와이파이망은 국내와 같이 무료로 개방돼 있는 곳이 많지 않기 때문에 그동안 무선 인터넷을 쓰고자 하는 사용자들이 적지 않은 비용을 부담해야 했다.

22일

충전 _{充 가득할 충, 塡 메울 전}

메워서 채움.

> 초등학교 1학년 교과서

'충전'은 어떤 의미를 지닌 말일까?

'충전'은 '메워서 채움'을 뜻하는 말인데, '교통 카드 따위의
결제 수단을 사용할 수 있게 돈이나 그것에 해당하는 것을 채우는 것'
또는 '채굴이 끝난 뒤에 갱의 윗부분을 받치기 위하여,
캐낸 곳을 모래나 바위로 메우는 일'을 뜻하기도 합니다.

예문

• 이번 지방 발령을 충전의 기회로 삼겠다.
• 우리 회사 연구 개발부는 이번에 가스 자동 충전 장치를 새로 개발하였다.
• 자동차에 전지를 사용할 경우, 한 번의 충전으로 달릴 수 있는 거리가
  짧다는 것이 문제점으로 지적되었다.
• 다 쓴 건전지를 충전하다.

1월

23일

응원 _{應 응할 응, 援 당길 원}

곁에서 성원함.

> 초등학교 1학년 교과서

'응원'은 어떤 의미를 지닌 말일까?

'응원'은 '곁에서 성원함' 또는 '호응하여 도와줌'을 뜻하는
말입니다. 또 '운동 경기 따위에서 선수들이 힘을 낼 수 있도록
도와주는 일'을 뜻하기도 합니다.

예문

- 친구에게 뜨거운 응원을 보냈다.
- 후반전으로 들어서자, 경기장은 떠나갈 듯한 응원 소리와 함께 팽팽한
  긴장감이 감돌기까지 했다.
- 아군은 적군을 치려고 동맹국의 응원까지 얻어 군사 십만을 동원하였다.
- 심히 난감한 눈짓을 낙준에게 보내어 응원을 청하고 있었다.
- 이날 아침참에 김 군수는 응원 나온 대정 군수 채구석과 더불어 다시
  한번 명월진으로 갔다.

24일

도서관

圖 그림 도,
書 쓸 서,
館 객사 관

온갖 종류의 도서, 문서, 기록, 출판물 따위의 자료를 모아 두고 일반인이 볼 수 있도록 한 시설

초등학교 1학년 교과서

'도서관'과 관련된 단어는 어떤 것들이 있을까?

도서관에서는 온갖 종류의 도서, 문서, 기록, 출판물 따위의
자료를 볼 수 있는데, '열람(閱覽)'은 '책이나 문서 따위를 죽 훑어보거나
조사하면서 보는 것'을 뜻하는 말입니다. 또 '서가(書架)'는 '문서나
책 따위를 얹어 두거나 꽂아 두도록 만든 선반'을 뜻합니다.

예문

- 도서관에서 책을 대출하다.
- 관련 문헌들을 도서관에서 찾았다.
- 이 도서관에는 많은 양의 도서가 소장되어 있다.
- 이 도서관에는 아이들 열람실이 없으니 딴 도서관에 가 보라고 했다.

25일

켤레

신, 양말, 버선, 방망이 따위의 짝이 되는 두 개를 한 벌로 세는 단위

초등학교 1학년 교과서

개수를 세는 단위는 무엇이 있을까?

홉: 부피의 단위로서 곡식, 가루, 액체 따위의 부피를 잴 때 씁니다. 한 홉은 한 되의 10분의 1로 약 180㎖입니다.

되: 곡식, 가루, 액체 따위의 부피를 잴 때 씁니다. 한 되는 한 홉의 열 배로 약 1.8ℓ에 해당합니다.

말: 곡식, 가루, 액체 따위의 부피를 잴 때 씁니다. 한 말은 한 되의 열 배로 약 18ℓ에 해당합니다.

섬: 곡식, 가루, 액체 따위의 부피를 잴 때 쓰는 단위로, 한 섬은 한 말의 열 배로 약 180ℓ에 해당합니다.

꾸러미: 꾸리어 싼 것을 세는 단위로 달걀은 10개를 묶어 한 꾸러미라고 합니다.

접: 과일, 무, 배추, 마늘 따위의 100개를 이르는 말입니다.

예문

• 식구가 모여 있는지 댓돌 위에는 여러 켤레의 고무신이 놓여 있었다.
• 우리는 두 켤레의 군화를 반짝반짝 광채가 나도록 닦아 놓았다.

26일

수저

숟가락과 젓가락을 아울러 이르는 말

초등학교 1학년 교과서

'수저'는 식사와 관련된 말이라고?

'수저'는 '숟가락과 젓가락을 아울러 이르는 말'이지만
식사와 관련된 단어로도 쓰입니다.
'수저를 놀리다'는 '식사를 한다', '수저를 들다'는 '식사를 시작한다',
'수저를 놓다'는 '식사를 마치다'를 뜻하는 말입니다.

예문

- 모든 장수들은 떡국을 뜨던 수저를 멈추고 일제히 장군을 바라본다.
- 어머니는 혼숫감으로 이불 한 채, 밥솥 하나, 밥그릇과 수저 각각 두 벌만 달랑 들고 오셨다고 한다.
- 영희는 수저가 담긴 바구니에서 숟가락 하나와 젓가락 두 짝을 집어 자신의 식반 위에 올려놓았다.
- 어른보다 먼저 식사를 끝냈을 때는 수저를 밥그릇에 얹어 놓았다가 어른이 식사를 끝냈을 때 상 위에 내려놓는다.

1월

27일

발명

發 쏠 발, 明 밝을 명

아직까지 없던 기술이나 물건을 새로 생각하여 만들어 냄.

> 초등학교 1학년 교과서

'발명'과 '발견'은 사용하는 경우가 다르다고?

'발명'과 '발견'은 사용하는 경우가 다릅니다. '발명(發明)'은
'아직까지 없던 기술이나 물건을 새로 생각하여 만들어 냄'을 뜻하는
말로, '증기 기관의 발명', '발명을 위한 새로운 도전'처럼 씁니다.
이와 달리 '발견(發見)'은 '미처 찾아내지 못하였거나 아직 알려지지
아니한 사물이나 현상, 사실을 찾아냄'을 뜻하는 말로, '신대륙의 발견',
"숨겨진 맛집을 발견했어!"처럼 씁니다. 그럼 '로봇 발명'일까요?
'로봇 발견'일까요? 없던 것을 만들어 낸 것이니 '발명'이 맞겠죠?

예문

- 청동기와 문자의 발명에 따라 문명이 급속히 발전하게 되었다.
- 에디슨은 전화기와 축음기 등을 발명했다.
- 증기 기관이 발명되어 교통 여건이 좋아졌다.

28일

일회용품

一 한 일,
回 돌 회,
用 쓸 용,
品 물건 품

한 번만 쓰고 버리도록 되어 있는 물건

> 초등학교 1학년 교과서

'에코슈머(Ecosumer)'는 무엇일까?

'에코슈머(Ecosumer)'는 '생태계'를 뜻하는 '이콜로지(Ecology)'와 '소비자'를 뜻하는 '컨슈머(Consumer)'가 결합된 합성어로, 환경을 우선으로 생각하여 환경을 오염시키는 비닐 및 일회용품 사용을 줄이면서 친환경 제품을 사용하는 소비자를 일컫는 말입니다.

예문

- 지나친 일회용품의 사용은 환경을 망친다.
- 산에 가보니 나무젓가락, 종이컵 등의 일회용품이 여기저기 뒹굴고 있었다.
- 정부는 환경 보호를 위해 식당에서의 일회용품 사용을 제재하기로 했다.
- 일회용품의 소비가 증가함에 따라서 쓰레기 발생량도 엄청나게 늘어났다.
- 환경 오염을 막기 위해 나는 이제 일회용품을 불용하려고 해.

29일

대피
待 대비할 대, 避 피할 피

위험이나 피해를 입지 않도록 일시적으로 피함.

초등학교 1학년 교과서

불이 나면 어떻게 해야 할까?

불이 나면 멀리 떨어진 곳으로 대피해야 합니다.
그리고 화재나 지진 따위의 갑작스러운 사고가 일어날 때는
급히 대피할 수 있도록 특별히 마련한 출입구인 '비상구(非常口)'로
대피해야 합니다.

예문

• 사고 때의 대피를 포함한 방재 훈련이 실시되었다.
• 집이 물에 잠기자 사람들은 옥상으로 대피를 했다.
• 사태의 심각성을 눈치챈 장교는 부하들에게 장기간 대피를 명했다.
• 정부는 재난으로부터 국민을 보호하기 위하여 대피를 지도하는 행정
  부서를 따로 두고 있다.
• 민방위의 날 대피 훈련을 실시하다.

30일

출동

出 날 출, 動 움직일 동

일정한 목적을 실행하기 위하여 떠남.

초등학교 1학년 교과서

'출동'을 자주 하는 사람은 누구?

신고가 들어오면 소방관은 바로 출동해야 합니다.
경찰관도 출동 신고가 들어오면 바로 출동해야 합니다.

예문

- 아침 조회가 끝나자 형사들은 곧 각자의 일터로 출동을 서둘렀다.
- 적은 이순신 함대의 출동을 바라보자 응전할 의사가 전혀 없었다.
- 소방서에서는 아이들의 장난 전화로 인해 오인 출동을 하는 경우가 많이 있다.
- 아직 시간은 많이 남았지만 출동에 대비하여 탄약과 장비를 점검하라는 명령일세.

31일

설명서

說 말씀 설,
明 밝을 명,
書 쓸 서

내용이나 이유, 사용법 따위를 설명한 글

> 초등학교 1학년 교과서

음식을 만드는 설명법은 무엇일까?

'레시피(recipe)'는 '음식 만드는 방법'을 이르는 말입니다.
그런데 국립국어원은 '레시피'를 우리말인 '조리법'으로 순화하여
사용하도록 권하고 있습니다.

예문

- 전자 제품을 사면 그 안에 설명서가 들어 있다.
- 약을 복용할 때에는 설명서를 꼭 읽어서 무슨 부작용이 있는지 검토해야 한다.
- 물건을 사면 그 용법을 적은 설명서를 잘 읽어야 한다.
- 이 기계는 설명서가 제대로 돼 있지 않아 사용하기에 불편스럽기 짝이 없다.

1일

독도

獨 홀로 독, 島 섬 도

경상북도 울릉군에 속하는 화산섬

초등학교 1학년 교과서

'독도'라는 지명은 언제부터 쓰이게 되었을까?

'독도'는 우리나라 동쪽 끝에 위치한 섬입니다. 비교적 큰
동도(東島)와 서도(西島) 두 섬과 부근의 작은 섬들로 이루어져
있습니다. 옛날부터 삼봉도·우산도·가지도·요도 등으로 불려왔으며,
1881년(고종 18)부터 독도라 부르게 되었습니다.

예문

- 우리나라 동쪽 끝에는 독도가 있다.
- 독도는 몇 개의 바위섬으로 이루어졌다.
- 우리나라가 독도를 영유하는 것은 정당하다.
- 우리는 독도에 대한 문제로 일본에 강력한 항의 서한을 보냈다.

2일

빨판

다른 동물이나 물체에 달라붙기 위한 기관

초등학교 1학년 교과서

'빨판'이 있는 동물은?

'빨판'은 둘레 벽의 근육을 수축시켜 빈 곳을 만들고 내부의
우묵한 부분의 압력을 낮추어 흡착하는데, 접시 모양, 혹 모양,
쟁반 모양 따위가 있습니다. 빨판은 촌충, 낙지나 오징어의 발, 빨판상어의
입 따위에서 볼 수 있습니다.

예문

- 커다란 낙지의 빨판이 수족관의 유리벽에 쩔걱쩔걱 붙는다.
- 천 틈으로 드러난 살갗에 문어의 빨판이 찰싹 엉겨 붙는 순간이면 몸에 오스스 소름이 돋곤 했다.
- 연구진은 "놀랍도록 민첩한 문어의 이런 동작은 8개의 팔과 수백 개의 빨판이 협응한 결과"라고 말했다.

2월

3일

우엉

국화과의 두해살이풀

> 초등학교 1학년 교과서

'우엉'과 관련된 속담은?

'밤송이 우엉 송이 다 끼어 보았다'는 '가시가 난 밤송이나
갈퀴 모양으로 굽은 우엉의 꽃송이에도 끼어 보았다'는 뜻으로,
'별의별 뼈아프고 고생스러운 일은 다 겪어 보았음'을 비유적으로
이르는 말입니다.

예문

· 김밥 안에 있는 우엉이 달콤하고 짭조름했다.
· 우리는 겨우내 갈무리해 두고 먹을 수 있는 연뿌리나 우엉, 도라지 따
  위를 즐겨 먹는다.
· 엄마는 도시락 반찬으로 우엉 조림을 만드셨다.
· 우엉이 아작아작 씹히는 것이 밥반찬으로 딱 좋겠다.
· 우엉은 가장 많은 식이 섬유를 포함하고 있는 근채류이다.

4일

재채기

콧속의 신경이 자극을 받아 갑자기 코로 숨을 내뿜는 일

초등학교 1학년 교과서

'재채기'와 관련된 속담은?

'기침에 재채기'는 '어려운 일이 공교롭게 계속됨'을
이르는 말입니다.

예문

- 고추와 양파로 요리하면 재채기가 나는 것이 예사이다.
- 감기가 들었는지 자꾸 재채기가 나고 콧물이 나와.
- 최루 가스가 퍼지자 눈이 따갑고 재채기가 나기 시작했다.
- 재채기를 자꾸 할 때는 발바닥을 따뜻하게 해 주면 효과가 있다.
- 우리나라 사람들은 대체로 재채기를 불가항력으로 생각해 관대하게
  여기는 경향이 많다.
- 에취, 에취, 형이 연거푸 재채기를 하였다.

2월

5일

낭송 朗 밝을 낭, 誦 욀송

크게 소리를 내어 글을 읽거나 욈.

> 초등학교 1학년 교과서

독서할 때는 '낭독'이 좋다고?

독서할 때 눈으로만 읽는 것보다 '낭독'을 하면
책의 내용이 기억에 오래 남습니다.

예문

· 그 시인은 시 낭송에도 특별한 재능이 있다.
· 음악회에서는 연주가 끝난 뒤 작곡가에 대한 추모시 낭송이 이어졌다.
· 그는 지그시 눈을 감고 감정을 시에 이입하여 시를 낭송했다.
· 시 낭송은 기억력이나 사회력 향상은 물론 언어 이해 능력에도 도움을
 주어 시 쓰는 데 많은 도움을 준다.

비슷한 말

낭독(朗讀) : 글을 소리 내어 읽음.
[예] 법정에서 판결문 낭독이 시작되자 모두 숨을 죽였다.

6일

브로콜리 broccoli

십자화과의 식물

초등학교 1학년 교과서

'브로콜리'를 먹으면 비타민을 섭취할 수 있다고?

'브로콜리'는 콜리플라워의 변종으로, 잎겨드랑이에서 나오는
꽃봉오리도 식용한다는 것이 콜리플라워와 다른 점입니다.
브로콜리에는 비타민 에이(A)와 시(C)가 풍부하게 들어 있습니다.

예문

• 수험생의 감기 예방에는 항암 음식으로 널리 알려진 브로콜리가 좋다.
• 토마토스파게티에는 파프리카, 브로콜리, 양송이 등 토핑에 토마토소
스를 곁들였다.
• 다이어트 도시락은 방울토마토와 브로콜리, 청경채, 버섯 등 건강에
좋은 채소로 채워졌다.
• 봄배추만이 아니라 양배추, 브로콜리 등 봄 작물 값이 대부분 폭락해
농민들의 시름이 깊다.

7일

개운하다

기분이나 몸이 상쾌하고 가뜬하다.

> 초등학교 1학년 교과서

'개운하다'는 여러 가지 뜻으로 쓰이는 말이라고?

'개운하다'는 '기분이나 몸이 상쾌하고 가뜬하다'는 뜻으로
쓰이는 말인데, '음식의 맛이 산뜻하고 시원하다' 또는 '바람 따위가
깨끗하고 맑은 느낌이 있어 상쾌하다'는 뜻으로도 쓰이는 말입니다.

예문

• 한구석으로 책을 내던진 뒤 일어서서 들창을 열어 놓고 개운한 공기
를 마셔 본다.
• 지선이가 만든 음식은 조미료를 전혀 쓰지 않아도 개운한 맛이 났다.

8일

복슬강아지

털이 복슬복슬하고 탐스럽게 생긴 강아지

> 초등학교 1학년 교과서

'강아지'의 '아지'는 무슨 뜻일까?

'강아지'는 '갓 태어나거나 덜 자란 어린 개'를 이르는
말입니다. '아지'는 '작고 귀여운 것'에 사용하는 말입니다.
'송아지', '망아지', '강아지' 등 주로 새끼를 일컬을 때 사용하는 말입니다.
'병아리'와 같이 '아지'가 '아리'로 변한 것도 있습니다.

강아지와 관련된 속담

'하룻강아지 범 무서운 줄 모른다'는 '철없이 함부로 덤비는 경우'를 비유적으로 이르는 말입니다.

예문

· 부르르 긴 털이 탐스럽게 난 복슬강아지를 다섯 마리씩이나 낳았어요.
· 비를 맞고 들어온 복슬강아지가 뒷마당가의 툇마루로 기어들며 부르르 몸을 떨었다.
· 꼭 무슨 복슬강아지들처럼 털을 보르르 떨면서 달리는 것이었다.

9일

곱슬머리

고불고불하게 말려 있는 머리털 또는 그런 머리털을 가진 사람

초등학교 1학년 교과서

'곱슬머리'와 같은 말은?

'곱슬머리'와 같은 말은 '고수머리'입니다. 우리 속담에는 '곱슬머리 옥니박이하고는 말도 말랬다'가 있는데, 이 말은 '곱슬머리인 사람과 옥니박이인 사람은 흔히 인색하고 각박하다'는 말입니다.

예문

- 그의 머리는 볶아 놓은 것 같은 곱슬머리이다.
- 심한 곱슬머리이기 때문에 머리 땋고 다니기를 허락받은 아이였다.
- 나리는 풍성하고 윤기 나는 곱슬머리를 가졌다.
- 민지는 곱슬머리를 차분하게 하려고 아침마다 드라이를 한다.
- 진짜 최가에 옥니박이에 곱슬머리였지.

10일

보건실

保 지킬 보,
健 튼튼할 건,
室 방 실

학교나 회사에서 학생들이나 회사원들의 건강과 위생에 관한 일을 맡아보는 방

초등학교 1학년 교과서

'보건(保健)'과 관련된 말은?

'보건(保健)'은 '건강을 온전하게 잘 지킴' 또는 '병의 예방, 치료 따위로 사람의 건강과 생명을 보호하고 증진하는 일'을 이르는 말입니다. '보건의료(保健醫療)'는 '국민의 건강을 보호·증진하기 위하여 국가·지방 자치 단체·보건 의료 기관 또는 보건 의료인 등이 행하는 모든 활동'을 이르는 말입니다.

예문

· 복도에서 뛰다가 부딪쳐서 보건실에 가는 것을 보았습니다.

· 선생님이 갑자기 쓰러진 친구를 업고 보건실로 달려갔다.

· 마음 편하게 보건실을 찾아가 어디가 왜 아픈가를 설명한다.

· 아침에 출근을 하면 아프다고 발을 구르며 기다리는 아이가 보건실 문 앞에서 나를 맞이한다.

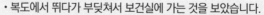

11일

봉지

종이나 비닐 따위로 물건을 넣을 수 있게 만든 주머니

초등학교 1학년 교과서

'봉지'는 다른 뜻으로도 쓰이는 말이라고?

'봉지'는 '종이나 비닐 따위로 물건을 넣을 수 있게 만든
주머니'를 이르는 말입니다. 그런데 수량을 나타내는 말 뒤에 쓰일 때는
'작은 물건이나 가루 따위를 담아 그 분량을 세는 단위'를 이릅니다.
[예] 두꺼비는 사탕 몇 봉지, 계란 서너 개, 은단 한 갑, 사과와 빵을 한 보따리
꾸려서 내준다.

예문

• 외투 주머니에서 해열제 봉지를 꺼내 놓는다.
• 준은 호주머니에 든 군밤 봉지를 만지작거리면서 조금 망설이다가….
• 절차를 밟아 의사 선생님을 뵙고 약 한 봉지를 얻어 들고나왔다.

12일

양치기 羊 양 양, 치기

양을 치는 일. 또는 그런 사람

> 초등학교 1학년 교과서

'양치기 소년'은 '거짓말을 자주 하는 사람'이라고?

<양치기 소년>은 이솝 우화 중 하나로, 이 이야기의 줄거리는
다음과 같습니다. 양을 치는 소년이 심심풀이로 "늑대가 나타났다!"
라고 거짓말을 하고 소란을 일으킵니다. 그 동네의 어른들은 소년의 거짓말에
속아 무기를 가져오지만, 헛수고만 합니다. 양치기 소년은 이런 거짓말을
여러 번 반복했는데, 결국 어느 날에 정말 늑대가 나타나서 양치기 소년은
그 소식을 알렸습니다. 하지만 어른들은 더 이상 양치기 소년의 말을 믿지
않았고, 아무도 도우러 가지 않았습니다. 결국 양치기 소년의 모든 양이
늑대에게 잡아먹힙니다.

예문

- 양치기 소년은 아침 일찍 양 떼를 몰고 풀밭으로 갔어요.
- 넓은 초원에는 양치기가 양들에게 풀을 먹이고 있었다.
- 과거에 유랑 생활을 하던 양치기들은 떼를 지어 다니곤 했다.

13일

우주 宇 집 우, 宙 집 수

무한한 시간과 만물을 포함하고 있는 끝없는 공간의 총체

> 초등학교 1학년 교과서

우주에는 '블랙홀(black hole)'이 있다고?

'블랙홀(black hole)'은 초고밀도에 의하여 생기는 중력장의
구멍입니다. 항성이 진화의 최종 단계에서 한없이 수축하여,
그 중심부의 밀도가 빛을 빨아들일 만큼 매우 높아지면서 생겨납니다.
블랙홀 속에서는 빛이나 물질, 전파 등 어떤 것도 빠져나갈 수 없습니다.

예문

- 광활한 우주를 왕복하다.
- 만일 우주가 영원히 팽창한다면 미래의 우주는 어떻게 될 것인가?
- 나와 지구 그리고 우주 만물은 하나로 연결되어 있다.
- 우주의 모든 삼라만상(森羅萬象)은 예술 작품의 소재가 될 수 있다.
- 일부 과학자들은 우주에 지구의 대기와 같은 환경을 조성하는 방안을
  찾고 있다.

2월

14일

전학

轉 옮길 전, 學 배울 학

다니던 학교에서 다른 학교로 학적을 옮겨 가서 배움.

초등학교 1학년 교과서

'전근(轉勤)'은 어느 때 쓰이는 말일까? ▶

'전근(轉勤)'은 '근무하는 곳을 옮기는 것'을 이르는 말입니다.

예문

· 마셜 암스트롱이 우리 반으로 전학을 왔어요.

· 신도시 학교에는 전학을 온 학생의 수가 다른 지역에 비해 많다.

· 나는 초등학교 3학년 때 아버지의 직장을 따라 부산으로 전학을 가게 되었다.

· 이 학생은 오늘 우리 학교로 새로 전학을 온 학생이니 잘 보살펴 주고 사이좋게 지내기 바란다.

· 전학 가는 친구를 송별하다.

15일

오존층 ozone, 層층층

지구 오존을 많이 포함하고 있는 대기층

초등학교 1학년 교과서

'오존층'은 무엇일까?

'오존층'은 '지구 오존을 많이 포함하고 있는 대기층'입니다.
지상에서 20~25km의 상공에 위치하며, 인체나 생물에 해로운
태양의 자외선을 잘 흡수하는 성질이 있습니다.

예문

- 마셜은 밖에서 항상 모자를 쓰고 있어요. 오존층 때문이래요.
- 환경 오염으로 인해 대기의 오존층이 갈수록 얇아지고 있다.
- 프레온 가스는 오존층 파괴의 한 원인이므로 그 사용이 규제되고 있다.
- 우리나라도 오존층 보호를 위한 과학적 조사와 연구에 참여하게 되었다.

16일

탄산 _{炭 숯 탄, 酸 초 산}

이산화 탄소가 물에 녹아서 생기는 약한 산(酸)

초등학교 1학년 교과서

탄산음료는 어떻게 만들까?

맛이 산뜻하고 시원한 탄산음료는 이산화 탄소를
물에 녹여 만듭니다.

예문

- 탄산음료는 마실 때 청량감을 준다.
- 탄산 가스 함유량이 높은 탄산 온천이 개발되었다.
- 땀을 많이 흘리는 운동을 하는 도중에 탄산음료를 마시면 오히려 목을 바짝 말려 버리는 수가 있으니 주의해야 한다.
- 냄새를 못 맡는 이른바 '후맹(嗅盲)'은 식초·장뇌·대변·땀·타는 종이·마늘·꽃·과일·석탄산·사양의 10가지 물질의 냄새 맡지 못하면 내려진다.

17일

허락

許 허락할 허, 諾 승낙 락

청하는 일을 하도록 들어줌.

> 초등학교 1학년 교과서

'허락'과 비슷한 말은?

허용(許容)은 '허락하여 너그럽게 받아들임' 또는 '각종 경기에서 막아야 할 것을 막지 못하는 것'을 이르는 말입니다.

[예] 외출 허용의 소식이 전해지자 중대는 대번에 환호와 흥분 속에 휩싸였다.

[예] 아깝게도 후반 종료 3분 전에 동점 골을 허용했다.

예문

· 허락 없이 사진을 찍으면 안 됩니다.
· 그는 부모님 허락도 없이 장가를 들었다.
· 누구 허락으로 이곳에 들어왔소?
· 거의 일주일을 조르던 끝에 여행을 가도 좋다는 부모님의 허락이 떨어졌다.

18일

명탐정

名 이름 명,
探 찾을 탐,
偵 정탐할 정

사건을 해결하는 능력이 뛰어나 이름이 널리 알려진 탐정

> 초등학교 1학년 교과서 <

'탐정(探偵)'은 어떤 뜻을 지닌 말일까?

'탐정(探偵)'은 '드러나지 않은 사정을 몰래 살펴 알아냄'
또는 '그런 일을 하는 사람'을 이르는 말입니다.
[예] 그는 이번 사건을 탐정에게 의뢰했다.

예문

- 아무래도 명탐정 아빠가 나서야겠군.
- 셜록 홈스는 소설 속에 나오는 명탐정이다.
- 명탐정조차도 이 사건이 해결하기 어려운 괴사건이라고 생각했다.

19일

소문 所 바 소, 聞 들을 문

사람들 입에 오르내려 전하여 들리는 말

초등학교 1학년 교과서

'소문'과 관련된 속담은? ▶

'소문은 잘된 일보다 못된 것이 더 빠르다'는
'나쁜 소문일수록 더 빨리 퍼짐'을, '소문난 잔치에 먹을 것 없다'는
'떠들썩한 소문이나 큰 기대에 비하여 실속이 없거나 소문이 실제와
일치하지 않음'을 이르는 말입니다.

예문

- 소문이 자자하다.
- 곧 전쟁이 난다는 소문이 온 마을에 퍼졌다.
- 청년 장군 정기룡이 상주를 탈환했다는 소문은 많은 사람들에게 커다란 자극을 주었다.
- 마을 사람들은 그 이상한 소문 때문에 서로 토라지기도 했습니다.

20일

헬리콥터 helicopter

회전 날개를 기관으로 돌려서 생기는 양력(揚力)과 추진력으로 나는 항공기

> 초등학교 2학년 교과서

'헬리콥터 맘(helicopter mom)'은 어떤 뜻을 지닌 말일까?

'헬리콥터 맘(helicopter mom)'은 '자녀의 주위를 맴돌며 모든 것을 챙겨 주고 지나치게 관여하는 엄마'를 이르는 말입니다.

예문

- 중환자를 헬리콥터로 병원에 수송했다.
- 소름이 좍좍 끼치는 헬리콥터 소리가 들렸다.
- 헬리콥터는 좁은 면적에도 착륙할 수 있다.
- 헬리콥터들이 추풍낙엽인 듯 연기 속을 떠다녔다.

21일

상상
想 생각할 상, 像 형상 상

실제로 경험하지 않은 현상이나 사물에 대하여 마음속으로 그려 봄.

> 초등학교 2학년 교과서

책을 읽으며 상상력을 기를 수 있다고?

'상상력(想像力)'은 '실제로 경험하지 않은 현상이나
사물에 대하여 마음속으로 그려 보는 힘'입니다.
책에 등장하는 인물이나 장면을 상상하며 읽으면 상상력을 기를 수 있습니다.

예문

· 그런 일이 일어나리라고는 상상도 못 했다.
· 이 소설의 뒷이야기는 독자들의 상상에 맡깁니다.
· 옷에 대한 여자들의 관심은 남자인 나로서는 상상도 할 수 없는 것이
  었다.
· 사람들은 동네 한가운데 있는 거대한 똥통에 자기 자식이 빠져 죽는
  끔찍스러운 상상으로 몸서리를 쳤다.

22일

코허리

콧등의 잘록한 부분

> 초등학교 2학년 교과서

'얼굴'과 관련된 말은 무엇이 있을까? ▶

'이마'는 '얼굴의 눈썹 위로부터 머리털이 난 아래까지의
부분'을, '관자놀이'는 '귀와 눈 사이의 맥박이 뛰는 곳'을 이르는 말입니다.

예문

- 아이는 몸집이 왜소한데다 얼굴빛은 누르스름하고 코허리에는 깨알
  같은 주근깨가 수없이 돋아 있었다.
- 코허리에 땀방울까지 송송 맺혔다.
- 그는 주먹으로 강도의 코허리를 강타했다.
- 명화는 말그스름해진 코허리를 찡긋찡긋하며 물었다.
- 안승학이는 사랑방에 혼자 앉아서 금테 안경을 코허리에 걸고는 문서
  질을 하다가….

23일

초대 招 부를 초, 待 기다릴 대

어떤 모임에 참가해 줄 것을 청함.

> 초등학교 2학년 교과서

'초대(招待)'와 '초대(初代)'는 다른 말이라고?

'초대(招待)'는 '어떤 모임에 참가해 줄 것을 청함'을,
'초대(初代)'는 '차례로 이어 나가는 자리나 지위에서 그 첫 번째에
해당하는 차례'를 이르는 말입니다.
[예] 대한민국 초대 대통령은 이승만이다.

예문

- 영화가 제작되었을 때, 나는 초대를 받아 그 시사회에 참석했다.
- 별나게 이 댁에선 손님 초대가 잦았습니다.
- 저녁 초대를 받으셨다는 집에선 식사 잘하셨어요?

24일

광장
廣 넓을 광, 場 마당 장

많은 사람이 모일 수 있게 거리에 만들어 놓은 넓은 빈터

초등학교 2학년 교과서

소설 《광장》은 어떤 소설일까?

소설 《광장》은 작가 최인훈의 대표 소설 중 하나로 수능에
자주 출제됩니다. 이 소설은 남·북한의 대립을 정면으로 파헤친 작품입니다.
남북의 이념을 중립적으로 판단한 작품으로 평가받습니다.

예문

- 대학생 10만 명이 서울역 광장에 모여 시위를 벌이고 있다.
- 아이들이 광장 분수대로 나와 숨바꼭질을 하기 시작했어요.
- 청소년과 대화의 광장을 열다.
- 사람들은 지는 해를 바라보며 천천히 청량리역 광장을 빠져나가기 시작했다.
- 광장에는 휴식을 취하러 나온 시민들이 자전거를 타거나 일광욕을 하고 있었다.

25일

곰곰이

여러모로 깊이 생각하는 모양

초등학교 2학년 교과서

곰곰이? 곰곰히? 무엇이 맞을까요?

'곰곰이'가 맞습니다. 한글 맞춤법 제51항에 의하면 '더욱이,
일찍이'처럼 부사 뒤에는 부사형 접미사 '이'를 붙입니다. '곰곰'은 여러모로
깊이 생각하는 모양을 나타내는 부사이므로 '곰곰히'가 아니라 '곰곰이'로
표기해야 합니다. 이제 '곰곰이'로 쓰세요.

예문

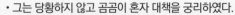

• 그는 당황하지 않고 곰곰이 혼자 대책을 궁리하였다.
• 당신이 한 일을 곰곰이 돌이켜 봐라.
• 그는 어제의 기억을 곰곰이 더듬어 보았다.
• 김 선생이 왜 그런 말을 했는지 곰곰이 생각해 보았다.

26일

병풍
屏 병풍 병, 風 바람 풍

바람을 막거나 무엇을 가리거나 장식용으로 방 안에 치는 물건

초등학교 2학년 교과서

'병풍'과 관련된 속담은?

'병풍에 모과 구르듯 한다'는 '병풍에 그려진 모과가 아무렇게나 굴러 있어도 상관없는 것과 마찬가지다'라는 뜻으로, '이리저리 굴러다녀도 탈이 없는 사람'을 비유적으로 이르는 말입니다. '혼인 뒤에 병풍 친다'는 '때를 놓치고 일이 다 끝난 다음에야 하려는 것'을 비꼬아 이르는 말이고, '대사 뒤에 병풍 지고 나간다'는 '남의 집 잔치에 왔다가 병풍을 지고 간다'는 뜻으로, '너무도 염치없는 짓을 하는 것'을 이르는 말입니다.

예문

· 열두 폭 병풍을 두르다.
· 창가에 병풍을 치다.

27일

비속어

卑 낮을 비,
俗 풍속 속,
語 말씀 어

격이 낮고 속된 말

초등학교 2학년 교과서

'은어(隱語)'는 어떤 말일까?

'은어(隱語)'는 '어떤 계층이나 부류의 사람들이
다른 사람들이 알아듣지 못하도록 자기네 구성원들끼리만
빈번하게 사용하는 말'입니다 .

[예] 요즈음 청소년들의 은어는 나이 든 세대에서는 이해하기 어려운 경우가 많다.

예문

· 차마 입에 담기 어려운 온갖 비속어가 일상어처럼 쓰이고 있다.

· 선생님은 이번 숙제로 일상생활 가운데 쓰이는 비속어를 조사해 오라고
하셨다.

· 인터넷 게임방이나 채팅방에서 다른 사람을 비방하거나 비속어 및 욕
설을 사용하면 바로 강퇴를 당한다.

· 이번 회의에서는 청소년 대상 심야 라디오 프로그램 진행자의 잦은 은
어와 비속어 사용이 문제로 떠올랐다.

28일

실망 _{失 잃을 실, 望 바랄 망}

바라던 일이 뜻대로 되지 아니하여 마음이 몹시 상함.

> 초등학교 2학년 교과서

'절망(絶望)'은 어떤 말일까?

'절망(絶望)'은 '바라볼 것이 없게 되어 모든 희망을
끊어 버림'을 이르는 말입니다.
실망보다 더 크게 마음이 상할 때 쓰이는 말입니다.

예문

· 실수는 누구나 하는 거니까 실망하지 마.
· 그에게는 매번 실망을 주어 미안할 따름이다.
· 내 성적표를 본 어머니의 얼굴에는 실망의 빛이 역력했다.
· 기대가 크면 실망도 큰 법이므로 나는 그에게 많은 것을 기대하지
　않기로 했다.
· 예측 안 한 바는 아니지만, 행여나 싶었던 마음에도 실망은 컸다.

1일

조언 _{助 도울 조, 言 말씀 언}

말로 거들거나 깨우쳐 주어서 도움. 또는 그 말

초등학교 2학년 교과서

'조언(助言)'할 때는 어떻게 말해야 할까?

'조언(助言)'할 때는 상대를 도와주려는 마음을 지니고 존중하는 태도로 말하는 것이 중요해요.

예문

- 조언을 구하다.
- 조언과 격려를 아끼지 않다.
- 전문가의 조언을 따르다.
- 나는 누구의 조언도 없이 사업을 하기로 결심했다.
- 학생에게 공부하는 방법을 조언하다.
- 의사는 그에게 정밀 진단을 받아 보라고 조언했다.

2일

반응 反 되돌릴 반, 應 응할 응

자극에 대응하여 어떤 현상이 일어남. 또는 그 현상

초등학교 2학년 교과서

대화할 때는 어떻게 '반응(反應)'해야 할까?

대화할 때는 자신의 말만 하기보다는 상대의 말을 들어주고 존중해 주는 반응을 보이는 것이 중요해요.

예문

- 아무리 자극해도 반응이 없다.
- 그는 부모에 대한 이야기가 나오면 이상하리만치 민감한 반응을 보인다.
- 다시 걷잡을 수 없는 불안 속으로 빠져들며 초조하게 상대방의 반응을 기다렸다.
- 이 두 물질을 함께 섞으면 반응이 활발히 일어난다.
- 재섭이는 방에서 뭘 하는지 문을 두드려도 아무 반응이 없어.

3일

변명
辨 분별할 변, 明 밝힐 명

어떤 잘못이나 실수에 대하여 구실을 대며 그 까닭을 말함.

초등학교 2학년 교과서

'변명(辨明)'과 관련된 속담은 무엇이 있을까?

'도둑질을 하다 들켜도 변명을 한다'는 '아무리 큰 잘못을
저지른 사람도 그것을 변명하고 이유를 붙일 수 있다'를
이르는 말입니다.

예문

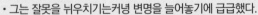

· 변명의 여지가 없다.
· 그는 잘못을 뉘우치기는커녕 변명을 늘어놓기에 급급했다.
· 변명 같지만 그동안 좀 바빠서 찾아뵙지 못했습니다.
· 그들은 더러 구구한 변명을 늘어놓기도 하였으나 소작인들은 그런 소
  리를 하나도 제대로 챙겨 들으려 하지 않았다.

4일

이삭

벼나 보리 따위 곡식에서,
꽃이 피고 꽃대의 끝에 열매가 많이 열리는 부분

> 초등학교 2학년 교과서

'이삭'과 관련된 속담은 무엇이 있을까?

'이삭 밥에도 가난이 든다'는 '양식이 궁하여 가을에 추수가
끝날 때까지 기다리지 못하고 벼 이삭, 수수 이삭 따위를 베어다
먹을 때부터 이미 오는 해에도 가난하게 살 징조가 보임'을 이르는
말입니다. '벼 이삭은 익을수록 고개를 숙인다'는 '교양이 있고 수양을 쌓은
사람일수록 겸손하고 남 앞에서 자기를 내세우려 하지 않는다는 것'을,
'패는 곡식 이삭 뽑기'는 '잘되어 가는 일을 심술궂은 행동으로 망치는 경우'를
비유적으로 이르는 말입니다.

예문

· 벼 이삭을 거두다.
· 기슭에는 지난해에 뽑아 먹고 남은 무, 배추의 이삭들이 흩어져 있었다.

5일

사랑방

舍 집 사,
廊 행랑 랑,
房 방 방

손님을 맞이하는 방

> 초등학교 2학년 교과서

'방(房)'과 관련된 말은 무엇이 있을까?

'사랑방(舍廊房)'은 '손님을 맞이하는 방'인데,
'안방'은 '집 안채의 부엌에 딸린 방',
'문간방(門間房)'은 '문간 옆에 있는 방'입니다.

예문

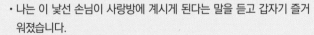

- 나는 이 낯선 손님이 사랑방에 계시게 된다는 말을 듣고 갑자기 즐거워졌습니다.
- 김 대감 댁의 사랑방에는 언제나 손님들이 들끓었다.
- 아버지는 사랑방에서 글을 읽으시는지 하루 종일 출입이 없으셨다.
- 밤이면 사랑방에 마을꾼들이 모여든다.
- 사랑방에 자리를 펴 놓았으니 편히 쉬십시오.

6일

공기놀이

공기를 가지고 노는 아이들 놀이

초등학교 2학년 교과서

'공기놀이'는 어떻게 할까?

'공기놀이'는 밤톨만 한 돌 다섯 개 또는 여러 개를 땅바닥에
놓고, 일정한 규칙에 따라 집고 받는 아이들의 놀이입니다.
예전에는 작고 동그란 돌을 썼는데, 요즘엔 플라스틱 따위로 만든 것을
주로 사용합니다.

관용구

① 공기가 팽팽하다 → 분위기가 몹시 긴장되어 있다.
② 공기(를) 놀다 → 공기놀이를 하다.
③ 공기(를) 놀리다 → 어떤 일이나 사람을 제멋대로 수월하게 다루거나
농락하다.

예문

• 우리는 명절에 아이들끼리 마당에 모여 앉아서 공기놀이를 하였다.
• 양지바른 곳에서는 계집아이들이 옹기종기 모여 앉아 공기놀이를 하
고 있다.
• 순이와 옥이가 공기놀이를 하면 순이가 얼추 세 동은 앞선다.

7일

문장 부호

文 글월 문,
章 글 장,
符 부신 부,
號 부르짖을 호

문장의 뜻을 잘 나타내려고 쓰는 여러 가지 부호

초등학교 2학년 교과서

'문장 부호'는 어떤 것들이 있을까?

① 마침표 : '.'의 이름입니다. 서술·명령·청유 따위를 나타내는 문장의 끝에 쓰거나, 아라비아 숫자로 특정한 의미가 있는 날을 표시할 때, 장, 절, 항 등을 표시하는 문자나 숫자 다음에 사용합니다.

② 물음표 : '?'의 이름입니다. 의문문이나 의문을 나타내는 어구의 끝에 쓰거나, 특정한 어구의 내용에 대하여 의심, 빈정거림을 표시할 때, 적절한 말을 쓰기 어려울 때, 모르거나 불확실한 내용임을 나타낼 때에 사용합니다.

③ 느낌표 : '!'의 이름입니다. 감탄문이나 감탄사의 끝에 쓰거나, 어구, 평서문, 명령문, 청유문에 특별히 강한 느낌을 나타낼 때, 물음의 말로 놀람이나 항의의 뜻을 나타낼 때, 감정을 넣어 대답하거나 다른 사람을 부를 때 사용합니다.

④ 쉼표 : ','의 이름입니다. 같은 자격의 어구를 연결할 때 쓰거나, 짝을 지어 구별할 때, 이웃하는 수를 개략적으로 나타낼 때, 문장의 연결 관계를 분명히 하고자 할 때, 끊어 읽는 곳을 나타낼 때 사용합니다.

8일

엽전 葉 잎 엽, 錢 돈 전

옛날에 사용하던, 놋쇠로 만든 돈

초등학교 2학년 교과서

옛날에는 어떤 '엽전'을 사용했을까?

'엽전(葉錢)'은 둥글고 납작하며 가운데에 네모진 구멍이 있습니다. 고려 시대에는 삼한중보·삼한통보·동국중보·해동중보, 조선 시대에는 조선통보·상평통보·당백전·당오전 등의 엽전을 사용했습니다.

예문

- 엽전 한 냥으로 짚신을 샀다.
- 엽전 스무 닢만 다오.
- 엽전 꾸러미를 던졌다.
- 그는 국밥을 사 먹고, 엽전을 상 위에 던져 놓고 일어섰다.

3월

9일

올해

지금 지나가고 있는 이 해

> 초등학교 2학년 교과서

시간을 나타내는 말은 무엇이 있을까?

'오늘'은 '지금 지나가고 있는 이날',
'내일'은 '오늘의 바로 다음 날', '모레'는 '내일의 다음 날',
'글피'는 '모레의 다음 날', '작년'은 '올해의 바로 앞의 해',
'내년'은 '올해의 바로 다음 해'를 이르는 말입니다.

예문
· 올해도 풍년이다.
· 올해 들어서 비가 자주 내린다.

비슷한 말
금년(今年) : 지금 살고 있는 이 해
[예] 금년 여름은 유난히 더웠다.

3월

10일

황량하다

荒 거칠 황,
凉 서늘할 량,
하다

황폐하여 거칠고 쓸쓸하다

> 초등학교 2학년 교과서

'황폐(荒廢)'는 어떤 뜻을 지닌 말일까?

'황폐(荒廢)'는 '집, 토지, 삼림 따위가 거칠어져 못 쓰게 됨'
또는 '정신이나 생활 따위가 거칠어지고 메말라 감'을
이르는 말입니다.

예문

· 예전에는 여기가 황량했던 듯하다.

· 이곳은 폐허처럼 황량하고 적막하다.

· 그곳에서의 감상은 황량하다는 느낌뿐이었다.

· 오늘따라 내 인생이 더없이 처량하고 황량하게 느껴졌다.

· 모종을 내려면 밭을 잘 손질해야지. 지금 그 밭은 황량하기 이를 바
  없으니까….

3월

11일

묘목 苗 모 묘, 木 나무 목

옮겨 심는 어린나무

초등학교 2학년 교과서

'묘목(苗木)'은 인공적으로 키운 어린나무라고?

'묘목(苗木)'은 대개 인공적으로 키운 어린나무를 뜻합니다.
자연적으로 자란 어린나무는 '치묘(稚苗)'라고 용어를 사용해
구별하기도 합니다. 전문적으로 묘목만을 취급하는 시장도 존재하는데,
이를 묘목장이라고 부릅니다. 묘목은 크게 자란 나무보다 다른 곳에 심었을 때
적응하기 힘들어서 비쌉니다.

예문

• 식목일에 묘목을 정성 들여 심었다.
• 전쟁 후 묘목이 많아졌다.
• 아카시아는 묘목으로 적합하지 않다.
• 광릉의 묘목은 소나무다.

3월

12일

공익 광고

公 공변될 공,
益 더할 익,
廣 넓을 광,
告 알릴 고

공공의 이익을 목적으로 하는 광고

초등학교 2학년 교과서

'공익 광고'는 어디서 볼 수 있을까?

'공익 광고(公益廣告)'는 특정 상품의 선전이나 기업의 이미지 등을 나타내는 것을 목적으로 하지 않는, 공공의 이득을 위해 만들어지는 광고입니다. 주로 사회의 문제에 초점을 맞추고, 휴머니즘, 범국민성, 비영리성을 지향하고 있어, 직간접적으로 광고주의 이익을 도모하는 '공익성 광고'와 구별됩니다. 상업 광고와는 다르게 수신료로 운영되는 공영방송에서 자주 볼 수 있습니다.

예문

- 요즘은 공익 광고도 재밌게 만든다.
- 공익 광고를 제작하기 위해 실무진은 꼬박 사흘 동안 철야 작업을 했다.
- 윤수는 지금 환경에 대한 관심도를 높이기 위한 공익 광고를 제작하고 있다.
- 그는 투표율을 높이자는 사회적 공감대의 형성을 위해 공익 광고에 출연했다.

13일

누리집

개인이나 단체가 월드 와이드 웹에서 볼 수 있게 만든 하이퍼텍스트

초등학교 2학년 교과서

'홈페이지(homepage)'가 '하이퍼텍스트(hypertext)'라고?

'홈페이지(homepage)'는 '개인이나 단체가 월드 와이드 웹에서 볼 수 있게 만든 하이퍼텍스트'입니다. 개인의 관심사나 단체의 업무, 홍보 따위의 내용을 다양하게 제공합니다.

[예] 자세한 사항은 우리 회사 홈페이지를 참조하시기 바랍니다.

예문

- 인터넷 홈페이지, 국립중앙박물관 어린이박물관 누리집을 살펴봅시다.
- 올해 열릴 국제 영화제의 상영작은 누리집에서 확인할 수 있다.
- 모집 분야별로 우대 사항과 마감일 등이 다르므로 누리집을 꼼꼼히 살펴야 한다.

14일

매체
媒 매개할 매, 體 몸 체

어떤 작용을 한쪽에서 다른 쪽으로 전달하는 물체 또는 그런 수단

초등학교 2학년 교과서

'매체(媒體)'는 '매질(媒質)'이 되는 물체라고?

'매체(媒體)'는 '물질과 물질 사이에서 매질이 되는 물체'를 이르는 말로도 사용됩니다. 매체와 비슷한 말로는 '매개체(媒介體)'가 있습니다.

예문

- 음파(音波)의 매체가 되는 것은 공기이다.
- 요즘 인터넷은 유용한 쌍방향 매체로서 각광을 받고 있다.
- 바람은 식물들의 씨앗을 먼 곳으로 옮기는 중간 매체로서의 구실을 훌륭하게 수행한다.
- 대통령 선거가 다가오면서 각종 언론 매체에서는 일제히 특집 기획물을 준비하고 있다.
- 대중 매체의 부정적인 면을 강조하다.

3월

15일

에티켓 étiquette

사교상의 마음가짐이나 몸가짐

초등학교 2학년 교과서

인터넷을 사용할 때는 '네티켓'을 지켜야 한다고?

'에티켓(étiquette)'은 프랑스어로 '예의범절'을 뜻하는데,
인터넷을 사용할 때는 '네티켓(netiquette)'을 지켜야 합니다.
'네티켓'은 '네트워크(network)'와 '에티켓(étiquette)'이
합성된 단어입니다.
[예] 익명 게시판이라고 남을 비방하지 말고 네티켓을 지켜야 한다.

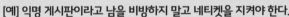

예문

- 영화관에서는 핸드폰을 꺼 두는 게 기본적인 에티켓 아니냐?
- 친구의 집에 가서 식사할 때 에티켓을 잘 지키도록 해라.
- 무릇 장교란 국제 신사이기 때문에, 적어도 이 정도의 에티켓은 알고 있어야 하는 겁니다.

16일

공지 사항

公 공변될 공,
知 알 지,
事 일 사,
項 목 항

사람들에게 널리 알리고자 하는 사항

> 초등학교 2학년 교과서

'공지 사항'을 무시하면 왜 안 될까?

선생님께서 "교실 뒤쪽에 있는 공지 사항을 읽어 보았나요?"라고
하시는 말씀을 한 번쯤 들어 보았을 겁니다. '공지 사항(公知事項)'은
학교나 학급에서 알리는 중요한 내용이니 꼭 읽어야 합니다.
'공지(公知)'는 '세상에 널리 알림'을, '사항(事項)'은 '일의 항목이나
내용'을 일컫는 말입니다.

예문

- 동아리 게시판에 운영자의 공지 사항이 올라왔다.
- 여기 들어오기 전에 반드시 이 공지 사항을 읽어 보세요.
- 응모 기간은 내달 말까지이며 당첨자는 공지 사항과 개별 메일로 알려 준다.
- 구청 직원이 현장에 나가서 공지 사항을 전달하거나 현장을 감독하기 도 한다.
- 공지 사항을 읽어 보지도 않고 질문하는 핑거 프린세스에게는 답변을 하지 않습니다.

17일

자유 <small>自 스스로 자, 由 말미암을 유</small>

외부적인 구속이나 무엇에 얽매이지 아니하고 자기 마음대로 할 수 있는 상태

> 초등학교 2학년 교과서

'자유(自由)'에는 '책임(責任)'이 따른다고?

'자유(自由)'는 '외부적인 구속이나 무엇에 얽매이지 아니하고 자기 마음대로 할 수 있는 상태'인데, 자유를 위해서는 그에 따른 책임을 져야 합니다. 예를 들어, 자기 책상을 청소 안 하는 건 자유지만 책상 청소를 안 해서 지저분해지는 것에는 책임져야 합니다. 자유는 '제멋대로 행동하여 거리낌이 없음'을 뜻하는 '방종(放縱)'과는 다르답니다.

예문

- 나에게도 말할 자유가 있다.
- 그 일을 하고 안 하고는 내 자유이다.
- 인간은 자신의 의사를 표현할 자유가 있다.
- 표현의 자유를 보장해 주지 않는다면 더 이상 일을 할 수가 없습니다.

18일

다육 식물

多 다을 다,
肉 연한 부분 육,
植 심을 식,
物 만물 물

잎이나 줄기 속에 많은 수분을 가지고 있는 식물

초등학교 2학년 교과서

'다육(多肉)이'는 무엇일까? ▶

'다육(多肉)이'는 '다육 식물(多肉植物)'을
귀엽게 이르는 말입니다.
대표적인 다육 식물로는 선인장(仙人掌)이 있습니다.

예문

• 우리 교실에서 다육 식물을 키우면 좋겠습니다.
• 선인장은 세계 각지에서 관상용으로 재배하는 다육 식물입니다.

19일

반복 _{反 되돌릴 반, 復 돌아올 복}

같은 일을 되풀이함.

> 초등학교 2학년 교과서

'반복(反復)'과 비슷한 말은?

'되풀이'는 '같은 말이나 일을 자꾸 반복함'을 이르는 말이고, '재탕(再湯)'은 '한 번 썼던 말이나 일 따위를 다시 되풀이함'을 비유적으로 이르는 말입니다. '중복(重複)'은 '거듭하거나 겹침'을 이르는 말입니다.

예문

- 노랫말을 쓸 때에는 글자 수를 맞추거나 비슷한 표현을 반복해.
- 결정을 못 하고 계속 반복만 하고 있다.
- 반복과 변덕 때문에 아무도 그를 믿지 않는다.
- 반복 학습을 시켰더니 아이의 성적이 많이 향상되었다.
- 지시어나 접속어를 써서 불필요한 반복을 피하면 글이 간결해지는 효과가 있다.

20일

택배 宅 집 택, 配 짝지어줄 배

우편물이나 짐, 상품 따위를 요구하는 장소까지 직접 배달해 주는 일

> 초등학교 2학년 교과서

'택배(宅配)'와 관련된 말들은 뭐가 있을까?

'주문(注文)'은 '어떤 상품을 만들거나 파는 사람에게 그 상품의 생산이나 배송 또는 서비스의 제공을 요구하거나 청구함'을 이르는 말입니다. '착불(着拂)'은 '택배로 물건을 받은 후에 돈을 치름'을, '배송(配送)'은 '물품을 보내는 것'을, '반품(返品)'은 '사들인 물품을 되돌려보냄'을 이르는 말입니다.

예문

- 그 백화점은 고객이 원하는 시간과 장소에 무료로 상품을 배달해 주는 택배 서비스를 실시했다.
- 시간이 없으니 필요한 서류를 챙겨서 빨리 택배로 보내 주세요.
- 택배 비용을 착불로 지급하기로 했다.
- 택배 상자에는 이름이 커다랗게 쾅 찍혀 있었다.

21일

극세사

極 다할 극,
細 가늘 세,
絲 실 사

올이 매우 가느다란 실

초등학교 2학년 교과서

극세사는 어떤 특징이 있을까?

극세사(極細絲)로 만든 섬유의 단면은 일반 합사와는 달리 별 모양으로 분할돼 있어 수분을 더 잘 흡수하는 것으로 알려져 있습니다. 극세사는 실과 실 사이의 공극이 미세해 집먼지진드기의 이동과 서식을 막아 알레르기를 방지합니다.

예문

· 은나노 극세사 인공 지능 하이브리드 드론 운동화입니다.
· 결혼을 앞둔 그녀는 극세사 침구류를 샀다.
· 극세사 소재는 면 소재보다 먼지나 얼룩 제거가 수월하다.

22일

잠자리채

잠자리를 잡기 위하여 긴 막대기에 그물주머니를 매단 기구

초등학교 2학년 교과서

'잠자리'와 관련된 속담은?

'잠자리 부접대듯 한다'는 '일을 할 때 오래 지속하지 못함'을 비유적으로 이르는 속담입니다.

관용구

- 잠자리(의) 눈꼽 → 극히 적은 분량
- 잠자리 나는 듯 → 잘 차려입은 여자의 모습을 비유적으로 이르는 말
- 잠자리 날개 같다 → 천 따위가 속이 비칠 만큼 매우 얇고 고움을 비유적으로 이르는 말

예문

- 잠자리채로 잡아 가두면 영영 날지 못할지도 몰라요.
- 아이들이 잠자리채를 들고나와 잠자리를 쫓았고….
- 철수는 매미가 앉은 장독대 위에 잠자리채를 살그머니 덮었다.
- 무더운 여름이 오면 허기진 하늘을 따라가며 고추잠자리를 잡기 위해 잠자리채를 휘둘렀다.

23일

안짱걸음

두 발끝을 안쪽을 향해 들여 모아 걷는 걸음

> 초등학교 2학년 교과서

'걸음'과 관련된 관용구는?

'걸음을 떼다'는 '준비해 오던 일을 처음으로 하기 시작하다',
'걸음을 재촉하다'는 '빨리 갈 것을 요구하다',
'걸음아 날 살려라'는 '있는 힘을 다하여 매우 다급하게 도망침'을
이르는 말입니다.

예문

- 그는 안짱걸음으로 음식점에 들어갔다.
- 안짱걸음으로 걷지 말고 바른걸음으로 걷거라.

24일

꿋수  꿋, 數 수 수

꿋의 수

초등학교 2학년 교과서

윷놀이는 '꿋수'만큼 말을 움직이는 놀이라고?

윷놀이는 윷으로 승부를 겨루는 놀이입니다. 둘 또는 두 편
이상의 사람이 교대로 윷을 던져서 도·개·걸·윷·모의 꿋에 따라
윷판 위에 네 개의 말을 움직여 모든 말이 먼저 최종점을
통과하는 편이 이깁니다.

예문

· 그는 처음에는 꿋수가 잘 나오더니 차차 줄어들어 가는 것이 웬 까닭
인지 몰라서 이상하였다.

· 윷가락 네 개를 던져 평평한 부분이 나오면 꿋수를 나타낸다.

25일

방언 方모방, 言말씀 언

한 언어에서, 사용 지역 또는 사회 계층에 따라 분화된 말의 체계

초등학교 2학년 교과서

'방언(方言)'과 같은 말은?

'방언(方言)'은 어느 한 지역에서만 쓰는 말인데, '사투리'와 같은 말입니다. '방언'과 달리 '표준어(標準語)'는 '한 나라에서 공용어로 쓰는 언어'입니다.

예문

- 방언을 조사하기 위해 현지로 답사를 떠나다.
- 나는 서울에서 산 지가 벌써 십 년이지만 고향 친구들과 만나면 저절로 고향의 방언이 나온다.

26일

윷놀이

편을 갈라 윷으로 승부를 겨루는 놀이

초등학교 2학년 교과서

'윷놀이'의 도, 개, 걸, 윷, 모는 무엇을 가리킬까?

'윷놀이'는 우리나라의 대표적인 놀이 중 하나이며, 4개의 윷가락을 던지고 그 결과에 따라 승부를 겨루는 전통 민속 놀이입니다. 윷을 던졌을 때 뒤집어지는 모양에 따라 '도, 개, 걸, 윷, 모'라고 칭하면서 움직입니다. '도'는 '돼지', '개'는 '개', '걸'은 '양', '윷'은 '소', '모'는 '말'을 가리킵니다.

예문

- 정월이 되면 윷놀이를 많이 한다.
- 마치 윷놀이에서 앞서가다가 잡아먹힌 말이 새로 처음부터 시작하듯이……

27일

소음

騷 떠들 소, 音 소리 음

불규칙하게 뒤섞여 불쾌하고 시끄러운 소리

초등학교 2학년 교과서

수업 시간에 '소음'을 일으키나요?

수업 시간에 '소음(騷音)'을 일으켜서는 안 되겠죠?
너무 커서 괴로운 소리뿐 아니라 작아도 괴롭게 느껴지는
소리가 있다면 소음이라고 할 수 있습니다.

예문

- 민수네 집은 공항 근처여서 소음이 심하다.
- 비둘기들은 도시의 소음과 매연 속에서도 잘 살아가고 있었다.
- 나는 총소리와 대포 소리 그리고 비행기의 소음까지 겹쳐 귀가 먹먹했다.
- 지금 아기가 자고 있으니까 소리를 크게 낸다든가 소음을 일으켜서는 안 된다.
- 간혹 포성과 총성 사이로 엔진이나 모터들의 야단스러운 소음도 들려왔다.

28일

제사상

祭 제사 제,
祀 제사 사,
床 상 상

제사를 지낼 때 제물을 벌여 놓는 상

초등학교 3학년 교과서

'제사(祭祀)'와 관련된 속담은?

'제사보다 젯밥에 정신이 있다'는 '맡은 일에는 정성을 들이지
아니하면서 잇속에만 마음을 두는 경우'를, '제사를 지내려니
식혜부터 쉰다'는 '공교롭게 일이 틀어지는 경우'를,
'남의 집 제사에 절하기'는 '상관없는 남의 일에 참여하여 헛수고만 함'을
비유적으로 이르는 말입니다. '떡 본 김에 제사 지낸다'는 '우연히 운 좋은
기회에, 하려던 일을 해치운다'는 것을 이르는 말입니다.

예문

- 밤은 제사상에서 빠질 수 없는 과일이에요.
- 며느리는 제사상에 올릴 음식을 정성스럽게 준비했다.
- 할머니 댁에는 제사상이 아주 먹음직스럽게 차려져 있었다.
- 제사상의 떡과 고기 산적을 먹기 위해 나는 졸음을 쫓아내며 앉아 있었다.

3월

29일

정월 대보름

正 바를 정, 月 달 월, 大 큰 대, 보름

음력 정월 보름

⟩ 초등학교 3학년 교과서 ⟨

'정월 대보름'에는 어떤 놀이를 할까? ▶

정월 대보름이 되면 쥐불놀이와 지신밟기 등
다채로운 민속놀이를 합니다.

속담

- 정월 열나흗날 밤에 잠을 자면 눈썹이 센다 → 음력 정월 대보름날을
  맞는 열나흗날 밤에 아이들을 일찍부터 자지 못하게 하느라고 어른들
  이 장난삼아 하는 말
- 정월이 크면 이월이 작다 → 좋은 일이 있으면 다음에는 나쁜 일도 있
  음을 이르는 말

예문

- 정월 대보름에는 달맞이를 하며 소원을 빌기도 하였다.
- 해마다 정월 대보름이면 너나없이 그해 들어 처음으로 동산에 떠오르
  는 둥근 달을 보고 농사를 점쳤다.

30일

부럼

정월 대보름에 깨물어 먹는 딱딱한 열매

> 초등학교 3학년 교과서

정월 대보름에는 왜 '부럼'을 깨물까?

음력 정월 대보름날 새벽에 땅콩, 호두, 잣, 밤, 은행 등의
부럼을 깨물면 한 해 동안 부스럼이 생기지 않는다는
풍습이 있습니다.

예문

- 보름날 아침에 부럼도 깨물고 오곡밥도 먹었다.
- 정월 대보름 아침이라 그런지 부럼 깨무는 소리가 으드득대며 방 안을 가득 메웠다.
- 정월 대보름에 부럼을 깨물면 병에 걸리지 않는다지 않니.
- 정월 대보름에 우리는 부럼을 깨 먹고 푸짐한 오곡밥을 먹는다.

31일

수확 收 거둘 수, 穫 벼 벨 확

익은 농작물을 거두어들임. 또는 거두어들인 농작물

초등학교 3학년 교과서

'수확(收穫)'은 '성과(成果)'를 이르는 말이기도 하다고?

'수확(收穫)'은 '익은 농작물을 거두어들임' 또는 '거두어들인
농작물'을 이르는 말인데, '어떤 일을 하여 얻은 성과'를
비유적으로 이르는 말이기도 합니다.

[예] 이번 학술회의에서 얻은 수확이 크다.

[예] 이번 협상으로 우리는 큰 수확을 거두었다.

예문

- 가을은 수확의 계절이다.
- 작년에는 수해와 한해가 겹쳐 농작물 수확이 평년의 절반밖에 되지 않
  았다.
- 가을철은 비가 적어야 농작물의 결실과 수확에 유리하다.
- 논두렁과 밭두렁에 심은 콩에서 반 가마의 수확을 보았다고 풋콩을 삶
  아 오기도 했다.

1일

초승달

初 처음 초,
生 날 생[승],
달

음력 초하루부터 며칠 동안 보이는 달

> 초등학교 3학년 교과서

'초승달'과 관련된 속담은 어떤 것이 있을까?

'초승달'은 초저녁에 잠깐 서쪽 지평선 부근에서 볼 수 있는 달입니다.
초승달과 관련된 속담으로는 '초승달은 잰 며느리가 본다'가 있습니다.
'음력 초사흗날에 뜨는 달은 떴다가 곧 지기 때문에 부지런한 며느리만이 볼 수 있다'
는 뜻으로, '슬기롭고 민첩한 사람만이 미세한 것을 살필 수 있음'을 비유적으로
이르는 말입니다.

예문

- 산머리에 낫 같은 초승달이 걸렸다.
- 하늘에는 초승달 뒤에 별이 총총 나 있었다.
- 저기 떠 있는 눈썹처럼 생긴 달 있지? 그게 초승달이야.
- 많은 회교 국가들이 그들의 국기에 초승달을 그려 넣고 있다.

2일

선달 先 먼저 선, 達 통달할 달

문무과에 급제하고 아직 벼슬하지 아니한 사람

> 초등학교 3학년 교과서

<봉이 김 선달 설화>는 어떤 내용일까?

교과서에 소개된 <봉이 김 선달 설화>는 조선 후기의 풍자적인 인물 김 선달에 관한 설화입니다. 주로 김 선달의 재치와 위선적인 사람들을 골려 주며 풍자하는 내용을 다루고 있습니다.

예문

- 그의 선친 역시 겨우 백두를 면하고 선달로 늙었을 뿐이었다.
- 김 선달은 이런 판에도 활발한 기상을 보인다.
- 최 선달은 먼지투성이 동헌 마루 밑으로 기어 들어가 숨었는데….

3일

표류기

漂 떠돌 표,
流 흐를 류,
記 기록할 기

표류한 경험이나 감상 따위를 적은 기록

> 초등학교 3학년 교과서

《하멜 표류기》는 어떤 내용일까?

하멜(Hamel, ?~1692)은 네덜란드의 선원으로 동인도 회사
소속 상선을 타고 일본 나가사키로 가다가 폭풍으로 표류하여
조선 효종 4년(1653)에 일행과 함께 우리나라에 오게 되었습니다.
이후 14년 동안 억류 생활을 하고 귀국하였습니다. 자신의 경험을 담은 책인
《하멜 표류기》을 통해 조선의 지리, 풍속, 정치 따위를 유럽에 처음으로
소개하였습니다.

예문

· 배가 심하게 파손되어 표류하게 되었다.
· 여러 날 동안의 표류에도 불구하고 천남석의 육신은 그 먼 바닷길을
  눈에 띄는 상처 하나 없이 고스란히 다시 섬을 찾아온 것이었다.

4일

뭍

지구의 표면에서 바다를 뺀 나머지 부분

> 초등학교 3학년 교과서

'뭍'과 관련된 속담은 어떤 것이 있을까?

'뭍에서 배 부린다'는 '육지에서 배를 사용한다'는 뜻으로,
'도저히 될 수 없는 일을 하고 있음'을 비꼬는 말입니다.
'뭍에 오른 고기'는 '제 능력을 발휘할 수 없는 처지에 몰린 사람'을
이르는 말입니다.

예문

· 그는 도리 없이 뭍에 오른 물고기 신세였다.
· 아침 안개를 뚫고 배는 천천히 뭍으로 다가간다.
· 뭍으로만 나가면 더 좋은 약으로 더 잘 치료하고 더 빨리 나을 수 있다.

5일

키

배의 방향을 조종하는 장치

> 초등학교 3학년 교과서

사람의 '키'와 관련된 속담은 어떤 것이 있을까?

'키가 작다고 세 살 난 애기보다 더 작을까'는 '무엇을 아무리 작거나 보잘것없다고 비난하여도 일정한 한도는 갖추고 있는 법임'을 비유적으로 이르는 말입니다. '키가 크다고 하늘의 별 딸까'는 '너무도 자신을 과신하여 허황된 꿈을 꾸거나, 남을 지나치게 추어올리는 경우'를 비꼬는 말입니다.

예문

• 우리 중에는 키를 잡고 해결하려는 사람이 아무도 없었다.
• 박용태 선장은 키를 잡고 방향을 조정하면서 밀려오는 파도를 보았다.

6일

너부죽이

조금 넓고 평평한 듯하게

초등학교 3학년 교과서

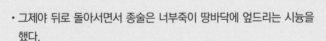

'너부러지다'는 어떤 움직임을 나타낼까?

'너부러지다'는 움직임을 나타내는 동사인데, '힘없이 너부죽이 바닥에 까부라져 늘어짐' 또는 '속되게 죽어서 넘어지거나 엎어짐'을 이르는 말입니다.

예문

- 그제야 뒤로 돌아서면서 종술은 너부죽이 땅바닥에 엎드리는 시늉을 했다.
- 정수는 입을 너부죽이 벌리며 나에게 한 번 웃어 준다.
- 대철은 염치도 좋게 사무실 소파에 너부죽이 눕더니 구석에 놓인 신문을 읽었다.
- 그는 주인의 눈치 따위는 아랑곳없이 접대용 소파에 너부죽이 두 팔을 편 채 자리를 차지하고 있었다.

4월

7일

까부라지다

기운이 빠져 몸이 고부라지거나 생기가 없이 나른해지다.

초등학교 3학년 교과서

'까부라지다'는 어떤 상태를 나타낼까?

'까부라지다'는 '기운이 빠져 몸이 고부라지거나 생기가 없이
나른해지다'를 뜻하는 말인데, 이러한 몸 상태뿐만 아니라
'높이나 부피 따위가 점점 줄어지다'를 뜻하기도 합니다.

예문

- 탱탱했던 호박이 겨울을 나며 찰싹 까부라졌다.
- 앓다가 나온 그의 어깨가 까부라져 보인다.
- 노동에 지친 노동자들은 눕기가 무섭게 까부라져 잔다.
- 환자가 고통으로 인해 까부라져 들었다.
- 까부라져 들어가던 마음에 다시 생기가 난다.

8일

비장 裨 도울 비, 將 장차 장

조선 시대에 감사와 사신 등을 따라다니며 일을 돕던 무관 벼슬

초등학교 3학년 교과서

'비장'과 관련된 속담은 어떤 것이 있을까?

'사또 행차엔 비장이 죽어난다'는 '사또가 길을 떠나게 되니 비장은 그 준비를 갖추느라 눈코 뜰 사이 없이 바쁘다'는 뜻으로, '윗사람이나 남의 일 때문에 고된 일을 하게 됨'을 이르는 말입니다. '사또 덕에 비장이 호강한다'는 '사또를 따라다니는 낮은 관원인 비장이 사또의 권세 덕분에 좋은 대우를 받는다'는 뜻으로, '남에게 붙어서 덕을 봄'을 이르는 말입니다.

동음 이의어

비장(脾臟) : 척추동물의 림프 계통 기관

예문

• 충청 감사(監司)를 호위하는 비장으로 선발되었다.
• 이번에 명나라로 떠나는 사신(使臣)을 따라다니는 비장이 되었다.

9일

경사 傾 기울 경, 斜 비길 사

비스듬히 기울어짐, 또는 그런 상태나 정도

초등학교 3학년 교과서

'경사(傾斜)'와 '경사(慶事)'는 뜻이 다르다고?

'경사(傾斜)'는 '비스듬히 기울어짐' 또는 '그런 상태나 정도'를 뜻하고, '경사(慶事)'는 '축하할 만한 기쁜 일'을 뜻하는 말입니다.
[예] 작년에 손자 심득이를 보더니 올해 또 아들을 얻었으니 경사가 겹쳤다.

예문

- 완만한 경사를 이룬 언덕에 올랐다.
- 경사가 가파르다.
- 영롱이가 사는 동네에는 경사진 골목이 많다.
- 그 산은 경사가 급해서 오르기가 힘들다.

10일

잠수함

潛 자맥질할 잠,
水 물 수,
艦 싸움배 함

물속을 다니면서 전투를 수행하는 전투 함정

초등학교 3학년 교과서

《해저 2만리》를 쓸 때는 잠수함은 없었다고?

《해저 2만리》는 프랑스 작가 쥘 베른이 1869년에 쓴 소설입니다.
이 소설에는 '노틸러스호'라는 잠수함이 등장하는데 당시에는
잠수함이 개발되지 않았습니다. 노틸러스호는 미국 해군을 비롯한
여러 해군에서 잠수함의 이름으로 사용되고 있습니다.

예문

· 군은 영해를 침범한 잠수함을 발견했다.
· 잠수함이 물 위로 부상하다.
· 잠수함이 드디어 잠행을 시작한다.
· 국내 최초로 건조한 잠수함이 진수되었다.

11일

타악기

打 칠 타,
樂 음악 악,
器 그릇 기

두드려서 소리를 내는 악기

초등학교 3학년 교과서

'타악기' 말고 다른 악기는 없을까?

'타악기(打樂器)'로는 팀파니, 실로폰, 탬버린, 북, 심벌즈 등이
있습니다. '관악기(管樂器)'는 입으로 불어서 관 안의 공기를
진동시켜 소리를 내는 악기로, 플루트, 오보에, 트럼펫, 호른 등이 있습니다.
'현악기(絃樂器)'는 현을 켜거나 타서 소리를 내는 악기로 가야금, 거문고,
바이올린, 첼로, 비올라 등이 있습니다.

예문

- 탬버린은 타악기의 한 가지이다.
- 연주자들은 북이나 장구 같은 우리의 타악기를 두들기며 축제의 흥을
  돋우었다.
- 타악기의 요란한 반주 뒤에 나지막이 흘러나오는 피리의 선율이 무대
  의 분위기를 더욱 고조시켰다.
- 타악기들이 쿵덕덕거리며 축제의 흥을 돋우었다.

12일

원인 原 근원 원, 因 인할 인

어떤 사물이나 상태를 변화시키거나 일으키게 하는 근본이 된 일이나 사건

초등학교 3학년 교과서

'원인'이 결과를 낳는다고?

'결과(結果)'는 '어떤 원인으로 결말이 생김' 또는 '그런 결말의 상태'를 이르는 말입니다. 즉 결과는 원인으로 인해 생기는 것입니다.

[예] 그는 결과보다는 과정을 중요시한다.

예문

· 사고의 원인을 조사하다.

· 전염병의 원인을 규명하다.

· 그는 원인 모를 병으로 한 달 만에 세상을 떠났다.

· 착각이 일 만한 원인이 나에겐 없었다.

· 인과율은 원인과 결과에 관한 법칙이다.

13일

전용
專 오로지 전, 用 쓸 용

남과 공동으로 쓰지 아니하고 혼자서만 씀.

초등학교 3학년 교과서

버스 전용 차선을 승용차가 이용해도 될까?

자전거 전용 도로는 자전거만 통행할 수 있는 도로이고,
버스 전용 차선은 버스만 이용하는 차선입니다.
축구 전용 구장은 축구 경기로만 이용하는 구장입니다.

예문

• 배는 벌써 해군 전용 내항 부두에 들어와 정박하고 있었다.
• 군인 전용의 미군 병원이라 박가연은 병원에서 특별 환자로 취급되고 있다.
• 버스 전용 차선을 위반해서 범칙금을 내야 합니다.

14일

재활용

再 두 재,
活 살 활,
用 쓸 용

폐품 따위를 용도를 바꾸거나 가공하여 다시 씀.

> 초등학교 3학년 교과서

'리사이클링(recycling)'은 무엇일까?

'재활용(再活用)'은 '리사이클링(recycling)'이라고도 합니다.
리사이클링은 '환경 자원을 절약하고 환경 오염을 방지하기 위하여
불용품이나 폐물을 재생하여 이용하는 일'을 이르는 말입니다.

예문

- 역사와 문화도 재활용하고 아름답게 가꾸는 도시란다.
- 고철의 재활용을 통해 철강재 수입을 줄일 수 있다.
- 우리 아파트에서는 신문이나 우유팩 등의 재활용을 통하여 쓰레기 처리 비용을 절약하고 있다.
- 급식을 실시하는 학교에서는 음식 쓰레기 재활용 운동을 벌여 남는 음식물을 가축의 먹이로 이용하였다.

15일

청사

廳 관청 청, 舍 집 사

관청의 사무실로 쓰는 건물

초등학교 3학년 교과서

'대사관(大使館)'은 어떤 청사일까?

'대사관'은 대사가 주재국에서 공무를 처리하는 청사(廳舍)입니다.
일반적으로 주재국의 수도에 설치합니다.

**동음
이의어**

청사(靑史) : 역사상의 기록. 예전에 종이가 없을 때 푸른 대의 껍질을 불에
구워 푸른빛과 기름을 없애고 사실(史實)을 기록하던 데서 유래합니다.
[예] 청사에 길이 남을 업적입니다.

예문

· 드디어 시청 청사에 도착했습니다.
· 지금 이 사건으로 국방부 청사가 발칵 뒤집힌 상태요.
· 청사로 이사하던 날 우리는 돼지머리를 놓고 고사를 지냈다.
· 이번 사건의 관련자들은 오늘 오후 검찰 청사로 불려가 조사를 받았습니다.

4월

16일

흉년

凶 흉할 흉, 年 해 해

농작물이 예년에 비하여 잘되지 아니하여 굶주리게 된 해

초등학교 3학년 교과서

'흉년'과 관련된 속담은 어떤 것이 있을까?

'흉년에도 한 가지 곡식은 먹는다'는 '아무리 흉년이 들어도 모든 곡식이 다 안 되는 경우는 드물고 한 가지라도 먹을 수 있는 곡식이 남는다'는 것을 이르는 말입니다. '흉년에 밥 빌어먹겠다'는 '일을 하는 데 몹시 굼뜨고 수완이 없는 사람이나 그런 처사'를 비난조로 이르는 말입니다.

예문

- 흉년은 수해(水害), 한해(旱害), 한해(寒害), 풍해(風害), 충해(蟲害) 따위가 그 원인이다.
- 흉년을 넘기기가 어렵다.
- 작년에는 대추가 흉년이었다.

17일

분야 <small>分 나눌 분, 野 들 야</small>

여러 갈래로 나누어진 범위나 부분

> 초등학교 3학년 교과서

'분야'와 비슷한 말은?

'계통(系統)'은 '일정한 분야나 부문' 또는 '하나의 공통적인 것에서 갈려 나온 갈래'를 뜻하는 말입니다.

[예] 이 사람은 전기 계통의 일을 합니다.

[예] 계통에 따라 동물을 분류하다.

[예] 독일어는 영어와 같은 계통이다.

예문

· 그러니까 나 같은 사람이 연구할 분야가 아직 이 방면에 남아 있다는 얘기가 되는 겁니다.

· 이 모임에 참석한 사람들은 모두 경제 분야의 전문가입니다.

· 그는 대학 입학 전까지 새로운 분야를 공부해 보고 싶어서 컴퓨터 학원에 다니고 있다.

18일

표지 _{表 겉 표, 紙 종이 지}

책의 맨 앞뒤의 겉장

> 초등학교 3학년 교과서

책의 '표지'를 보면 무엇을 알 수 있을까?

책의 앞표지에는 책의 제목과 지은이의 이름, 출판사 이름 등이 있습니다. 그리고 앞표지에 있는 문구들을 통해 책의 내용을 짐작할 수도 있습니다. 책의 뒷표지에는 책의 정가와 책의 내용을 소개하는 문구들이 있습니다.

동음 이의어

표지(標識) : 표시나 특징으로 어떤 사물을 다른 것과 구별하게 함. 또는 그 표시나 특징
[예] 사람이 붐비는 곳은 화장실 표지를 눈에 띄게 해야 한다.

예문

• 책을 잃어버리지 않도록 표지 안쪽에 이름을 써 두었다.
• 이 책은 표지만 보아서는 어떤 내용의 책인지 도무지 알 수가 없다.
• 책 표지를 함께 보면서 우리 모두가 흥미 있는 책으로 고르는 것은 어때?

19일

람사르 습지

Ramsar, 濕 축축할 습, 地 땅 지

'람사르 협약'에 의해 지정된 습지

초등학교 3학년 교과서

우리나라의 '람사르 습지'는?

람사르 습지는 전 세계를 대상으로 습지로서의 중요성을 인정받아
람사르협회가 지정 및 등록하여 보호하는 습지입니다.
우리나라의 람사르 습지로는 대암산 용늪, 창녕 우포늪,
신안 장도 산지습지 등 25곳이 있습니다.

예문

· 강변에 습지가 발달하다.
· 이곳은 원래 미나리나 심어 먹던 논바닥 비슷한 부산 교외의 한적한
  습지였다.
· 우포늪이 1998년에 람사르 습지에 등록되었다는 사실을 알았어.

20일

곤충 昆 형곤, 蟲 벌레 충

곤충강(昆蟲綱)에 속한 동물들을 통틀어 이르는 말

초등학교 3학년 교과서

《파브르 곤충기》는 어떤 책일까?

《파브르 곤충기》는 1879~1907년에 프랑스의 곤충학자 파브르가 쓴 책입니다. 갑충류 170종, 벌류 130종을 비롯한 곤충의 생태를 자세히 관찰하고 자전적 회상을 섞어 소개했습니다. 과학적으로나 문학적으로 높이 평가받고 있는 책입니다.

예문

- 그는 수풀 속에서 곤충을 잡았다.
- 곤충 중에는 우리 생활에 이로운 것도 있고, 해로운 것도 있습니다.
- 농약을 많이 사용하게 되면 해충뿐만 아니라 벌이나 나비와 같은 이로운 곤충도 피해를 입게 된다.
- 방바닥을 꼼질꼼질 기어가는 아주 작은 곤충 한 마리가 우연히 눈에 띄었다.

21일

누명
陋 좁을 누, 名 이름 명

사실이 아닌 일로 이름을 더럽히는 억울한 평판

초등학교 3학년 교과서

'누명'과 관련된 말은 어떤 것이 있을까?

'누명(陋名)'은 '우연히 혹은 계획적으로 억울한 일을 평판'을 받게 되는 상황을 뜻하는데, 누명은 상대방의 음모(陰謀)와 질투(嫉妬) 등에 의해 생기게 됩니다.

예문

- 네로는 불을 지른 범인으로 억울하게 누명을 썼다.
- 경쟁자에게 누명을 씌우다.
- 진수는 억울한 누명을 쓰고 일 년간 옥살이를 하였다.
- 그는 곤경에서 벗어나기 위해 친구에게 누명을 씌웠다.
- 진범이 잡혀서 영주는 간신히 살인범이라는 누명을 벗게 되었다.

22일

당선 _{當 당할 당, 選 뽑을 선}

선거에서 뽑힘. 또는 심사나 선발에서 뽑힘.

> 초등학교 3학년 교과서

'당선'의 반대말은?

'당선(當選)'의 반대말은 '낙선(落選)'입니다.
낙선은 '선거에서 떨어짐' 또는 '심사나 선발에서 떨어짐'을
이르는 말입니다.
[예] 선거에서 낙선의 고배를 마시다.

예문

- 당선을 목표로 선거 운동을 했다.
- 그가 출마하면 당선은 확실하다.
- 한강은 노벨 문학상 당선 작가입니다.
- 미술 대회에서까지 그림이 당선되지 못해 네로는 크게 좌절했다.

23일

궁녀 宮 집 궁, 女 여자 녀

궁궐 안에서 왕과 왕비를 가까이 모시는 내명부를 통틀어 이르던 말

초등학교 3학년 교과서

'궁녀'와 같은 말은?

궁녀는 고려와 조선에서 왕과 그 가족을 시종하거나
궁의 행정 관리 혹은 실무를 담당하였던 여성 집단을 뜻합니다.
동의어로는 궁인(宮人)·내인(內人)·내명부(內命婦)·육궁(六宮) 등이 있습니다.

예문

- 엄한 규칙이 있어 환관(宦官) 이외의 남자와 절대로 접촉하지 못하며,
  평생을 수절하여야만 하였다.
- 화관 금삼에 거문고를 안은 궁녀들, 무르녹은 봄이다.
- 왕은 모든 궁녀와 내명부들을 불러 모았다.
- 우리 장금이가 궁녀가 된단 말이야?

4월

24일

상궁
尙 높다 상, 宮 집 궁

조선 시대에 내명부의 하나인 여관의 정오품 벼슬

초등학교 3학년 교과서

'상궁' 가운데 가장 높은 상궁은?

'제조상궁(提調尙宮)'은 조선 시대에, 내전(內殿)의 모든 재산을
총괄하여 맡아보던 상궁인데, 상궁 중에 가장 지체가 높았습니다.
'기미를 보다'는 '어떤 일을 하기 전에 위험하지 않은지 미리 알아보는 것'을
이르는 말인데, '임금에게 올리는 수라나 탕제 같은 것을 상궁이 먼저
먹어 보아 독이 들어 있는지 알아보는 것'에서 유래한 말입니다.

예문

• 다른 상궁님 같았으면 너희는 옥살이야!
• 엄 상궁이 기미를 보라!

25일

젠체하다

잘난 체하다.

초등학교 3학년 교과서

'젠체하다'와 비슷한 말은?

'젠체하다'와 비슷한 말로는 '거드럭거리다'와 '뽐내다'가 있습니다.
'거드럭거리다'는 '거만스럽게 잘난 체하며 자꾸 버릇없이 굴다'를,
'뽐내다'는 '의기가 양양하여 우쭐거리다'를 이르는 말입니다.
[예] 있을수록 거드럭거리지 말고 겸손해야 하는 법이다.

예문

· 그 짓을 하고 나서도 바로 어제까지 얼굴을 붉히기는커녕 젠체하고 고을을 휩쓸고 나섰으니….
· 돈 좀 있다고 너무 젠체하지 마라.
· 정 부장은 능력은 있지만 너무 젠체하는 경향이 있어서 평판이 그다지 좋지 않다.
· 우리 지렁이들은 젠체하고 살지 않아.

26일

볏단

벼를 베어 묶은 단

초등학교 3학년 교과서

'벼'와 관련된 속담은?

'벼 이삭은 익을수록 고개를 숙인다'는 '교양이 있고 수양을 쌓은 사람일수록 겸손하고 남 앞에서 자기를 내세우려 하지 않는다'는 것을 비유적으로 이르는 말입니다.

예문

- 들에는 어둠이 덮쳤는데도 등불을 잡고 볏단을 져 나르는 농사꾼들의 모습이 보였다.
- 추수를 끝낸 들판에는 잘 마른 볏단이 군데군데 쌓여 있었다.
- 아버지는 볏단을 논에 재고 있었다.
- 형님도 볏단을 옮겨 놓으셨군요.
- 참새가 볏단 위를 분주히 날아다닌다.

27일

깨금발

한 발을 들고 한 발로 섬. 또는 그런 자세

초등학교 3학년 교과서

'닭싸움 놀이'는 어떤 놀이일까?

닭싸움 놀이는 한 발로 서서 하므로 '외발 싸움',
'깨금발 싸움'이라고도 부릅니다. 한쪽 다리를 손으로 잡고
외다리로 뛰면서 상대를 먼저 밀어 넘어뜨리는 사람이 이기는 놀이입니다.

예문

- 몸놀림이 잽싼 아이들은 시멘트 부대에 가득 석탄을 팔에 안고 낮은 철조망을 깨금발로 뛰어넘었다.
- 철이는 깨금발을 하고 징검다리를 건넜다.
- 아이들은 고무줄을 깨금발로 뛰어서 넘었다.
- 나는 식구들이 깰까 봐 깨금발로 걸어서 내 방으로 들어왔다.
- 아이는 선반 위에 있는 꿀단지를 꺼내려고 깨금발로 서서 손을 뻗쳐 보았지만 소용이 없었다.

28일

화학 약품

化 변할 화,
學 배울 학,
藥 약 약,
品 물건 품

물리학과 화학 실험에 사용되는 약품

> 초등학교 3학년 교과서

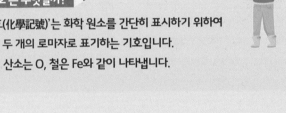

'화학 기호'는 무엇일까? ▸

'화학 기호(化學記號)'는 화학 원소를 간단히 표시하기 위하여
하나 또는 두 개의 로마자로 표기하는 기호입니다.
수소는 H, 산소는 O, 철은 Fe와 같이 나타냅니다.

예문

· 이 제품은 화학 약품으로 표백 처리했습니다.
· 화학 약품을 써서 표백하면 이런 흰색을 얻을 수 있다.
· 이 지역의 주된 오염 발생원은 근처 화학 약품 공장이다.
· 과학실에는 조심히 다루어야 할 실험 기구와 화학 약품이 많습니다.

29일

갯벌

밀물 때는 물에 잠기고 썰물 때는 물 밖으로 드러나는 모래 점토질의 평탄한 땅

초등학교 3학년 교과서

'밀물'과 '썰물'은 무엇일까?

'밀물'은 바다 조수의 간만으로 해수면이 상승하는 현상입니다.
간조에서 만조까지를 이르며 하루에 두 차례씩 밀려 들어옵니다.
'썰물'은 바다 조수의 간만으로 해수면이 하강하는 현상입니다.
만조에서 간조까지를 이르며 하루에 두 차례씩 밀려 나갑니다.

예문

· 갯벌에 나가 조개를 줍다.
· 썰물로 바닷물이 빠져나가자 꺼멓게 갯벌이 드러났다.
· 이곳 어부들에게 갯벌은 삶의 터전이다.
· 바닷물이 빠져나가자 검은 갯벌이 흉하게 드러났다.
· 비췻빛 바다와 수놓은 듯한 갯벌의 아름다움은 가히 환상적이었다.

30일

양식

養 기를 양, 殖 번성할 식

물고기나 해조, 버섯 따위를 인공적으로 길러서 번식하게 함.

> 초등학교 3학년 교과서

어민은 '양식'으로 생계를 이어간다고?

농민들이 논밭에서 농작물을 농사하듯이 어민은 양식장에서
물고기나 해조류 등을 키우는 양식으로 생계를 이어갑니다.

**동음
이의어**

① 양식(樣式) : 일정한 모양이나 형식
[예] 주어진 양식에 따라 보고서를 제출하시오.
② 양식(糧食) : 생존을 위하여 필요한 사람의 먹을거리
[예] 먹을 양식이 다 떨어졌다.

예문

· 광어 양식에 성공했다.
· 이 진주는 양식 진주입니다.
· 해양 오염으로 양식 산업이 위기에 처했다.

1일

분해

分 나눌 분, 解 풀 해

여러 부분이 결합되어 이루어진 것을 그 낱낱으로 나눔.

> 초등학교 3학년 교과서

'분해'는 과학 시간에도 쓰는 말이라고?

과학에서 '분해'는 '한 종류의 화합물이 두 가지 이상의
간단한 화합물로 변화함. 또는 그런 반응'을 이르는 말입니다.

예문

· 갯벌에서 흔히 사는 갯지렁이도 오염 물질 분해를 돕습니다.
· 이 집은 조립식이라 필요에 따라 조립과 분해가 가능하다.
· 저 아이는 뭐든 분해를 했다가 다시 조립하는 것을 좋아한다.
· 고장이 난 기계를 뜯어 분해하다.
· 시계를 분해하여 부속품을 갈아 끼우다.

꽃샘추위

이른 봄, 꽃이 필 무렵의 추위

초등학교 3학년 교과서

추위와 관련된 말은 뭐가 있을까?

'꽃샘추위'는 '꽃이 피는 것을 시샘하듯 몰아닥친 추위'를
이르는 말인데, '손돌이추위'는 '음력 10월 20일 무렵의
심한 추위'를 이르는 말입니다.

예문

- 함박꽃은 꽃샘추위의 시샘을 이겨 내고 활짝 피었다.
- 봄을 느끼기에는 아직도 너무 쌀쌀하고 또 앞으로도 한두 차례 꽃샘추위를 겪어야 한다.
- 봄을 시샘하듯 찾아온 꽃샘추위에도 불구하고 꽃들이 하나둘 봉오리를 터트리기 시작했다.
- 꽃샘추위 때문인지 사월인데도 추운 날이 계속되었다.

3일

토박이말

해당 언어에 본디부터 있던 말이나 그것에
기초하여 새로 만들어진 말

초등학교 3학년 교과서

'말'과 관련된 속담은?

'토박이말'은 '고유어'라고 하는데, '아버지', '어머니', '하늘',
'땅' 등이 토박이말입니다. '말 한마디에 천 냥 빚도 갚는다'는 '말만 잘하면
어려운 일이나 불가능해 보이는 일도 해결할 수 있다'를, '말이 씨가 된다'는
'늘 말하던 것이 마침내 사실대로 되는 것', '말 안 하면 귀신도 모른다'는
'마음속으로만 애태울 것이 아니라 시원스럽게 말을 하여야 한다'를 이르는
속담입니다.

예문

• '아버지'와 '어머니'는 토박이말입니다.
• 토박이말과 같은 말은 고유어입니다.

4일

불볕더위

햇볕이 몹시 뜨겁게 내리쬘 때의 더위

초등학교 3학년 교과서

'더위'와 관련된 속담은?

'더위도 큰 나무 그늘에서 피하랬다'는 '큰 나무 아래 있어야 더위도 덜 타듯이 이왕이면 높은 지위에 있는 사람에게 의지해야 덕을 많이 볼 수 있음'을, '더위 먹은 소만 보아도 헐떡인다'는 '어떤 일에 욕을 보게 되면 그와 비슷한 것만 보아도 의심하며 두려워한다'를 이르는 속담입니다.

예문

· 연일 33도를 오르내리는 불볕더위가 기승을 부려 살아 있는 모든 것의 수분을 말리고 있었다.
· 아직도 한낮은 불볕더위였다.
· 여름철에 불볕더위 때문에 몸에 이상 증세가 생긴다.

5일

건들바람

초가을에 선들선들 부는 바람

초등학교 3학년 교과서

'바람'과 관련된 속담은?

'바람은 불다 불다 그친다'는 '바람이 불고 싶은 대로 실컷 불다가 마침내는 저절로 그친다'는 뜻으로, '성이 나서 펄펄 뛰어도 가만두면 제풀에 사그라져 조용해지는 경우'를 비유적으로 이르는 속담입니다.

관용구

① 바람(을) 쐬다 → 기분 전환을 위하여 바깥이나 딴 곳을 거닐거나 다닌다. 다른 곳의 분위기나 생활을 보고 듣고 하다.
② 바람(을) 잡다 → 허황된 짓을 꾀하거나 그것을 부추기다. 마음이 들떠서 돌아다니다.
③ 바람(이) 들다 → 무 따위가 얼었다 녹았다 하는 바람에 물기가 빠져 푸석푸석하게 되다. 다 되어 가는 일에 탈이 생기다.

예문

• 무덥던 여름이 지나고 건들바람이 부니 일하기에도 훨씬 수월하다.
• 일꾼들은 건들바람에 땀을 거두고 여름내 피로했던 몸에 생기가 돈다.

된서리

늦가을에 아주 되게 생기는 서리

초등학교 3학년 교과서

'된서리'와 관련된 관용구는?

'된서리'는 '늦가을에 아주 되게 내리는 서리'인데,
'모진 재앙이나 타격'을 비유적으로 이르는 말이기도 합니다.
'된서리를 치다'는 '되살아나거나 회복하기 힘들 정도로
모진 타격을 가하다'를 뜻하는 말입니다.

예문

- 된서리를 맞은 채소를 뽑아 버리다.
- 된서리 때문에 벼 수확에 지장이 생겼다.
- 이 작은 생활마저 눈에 가시와도 같이 생각하며 된서리를 치는 것일까?

진눈깨비

비가 섞여 내리는 눈

초등학교 3학년 교과서

'눈'과 관련된 말은?

'눈바람'은 '눈과 함께 또는 눈 위로 불어오는 차가운 바람'을 뜻하는데,
겨울에 눈과 함께 부는 바람은 매섭고 차갑기 때문에 '심한 고난'을
비유적으로 이르는 말이기도 합니다. '숫눈'은 '아무도 밟지 않은 깨끗한 눈'을,
'잣눈'은 '많이 내려 아주 높이 쌓인 눈'을, '자국눈'은 '많이 쌓이지 않고
발자국이 찍힐 정도로 적게 내린 눈'을 이르는 말입니다.

예문

- 운동장 흙은 진눈깨비가 녹은 다음이라 몹시 질척거렸는데 밑창 터진
  고무신에 물이 새어 들었다.
- 비는 진눈깨비로 바뀌더니 곧 함박눈으로 변했다.
- 어깨 위에는 진눈깨비가 녹은 물이 축축하게 젖어 들었다.
- 추적추적 내리는 진눈깨비를 맞으며 걷자니 기분이 울적했다.
- 진눈깨비라도 내릴 것 같던 음산한 날씨가 말끔히 개었다.

8일

적삼

윗도리에 입는 홑옷

초등학교 3학년 교과서

'적삼'과 관련된 속담은?

'적삼 벗고 은가락지 낀다'는 '격에 맞지 아니한 짓을 하는 경우'를 비유적으로 이르는 속담입니다.

예문

- 누런 무명 적삼에 검정 통치마를 입은 엄마가 이쪽을 바라보다 걸음을 멈추었다.
- 벌써 모시 적삼 등허리는 땀이 축축이 배었다.

9일

모시

모시풀 껍질의 섬유로 짠 옷감

초등학교 3학년 교과서

'모시'와 관련된 속담은?

모시는 베보다 곱고 빛깔이 밝아서 여름 옷감으로
많이 쓰입니다. '모시 고르다 베 고른다'는 '처음에 뜻하던 바와는
전혀 다른 결과에 이름'을 이르는 속담입니다.

예문

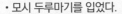

· 모시 두루마기를 입었다.
· 모시로 된 치마를 입었다.
· 모시 몇 자 주시오.
· 풀을 먹인 모시 열두 폭을 층층이 폭을 넓혀 가며 한 허리에 달아 붙인
  것이라….

10일

무명

목화솜에서 뽑은 무명실로 짠 옷감

초등학교 3학년 교과서

'무명'과 관련된 속담은?

'무명 한 자는 앞을 못 가려도 실 한 발은 앞을 가린다'는
'아무리 보잘것없는 것이라도 용도에 따라 각각 제 가치를 가짐'을
비유적으로 이르는 속담입니다.

**동음
이의어**

무명(無名) : 이름이 없거나 이름을 알 수 없음.
[예] 자유의 제단 앞에 몸을 바친 무수한 무명의 의인들의 거룩한 피를
생각한다.

예문

· 무명으로 바지를 지어 입다.
· 황제의 창고에는 무명과 비단, 곡식이 가득하였고….

11일

비단
緋 붉을 비, 緞 비단 단

누에고치에서 뽑아낸 명주실로 짠 광택이 나는 옷감

초등학교 3학년 교과서

'비단'과 관련된 속담은?

'비단 대단 곱다 해도 말같이 고운 것 없다'는 '말이라는 것은 사람의 마음씨에 따라서 얼마든지 남의 마음을 움직이게 하는 가장 효과적인 수단임'을, '비단 올이 춤을 추니 베올도 춤을 춘다'는 '자기는 도저히 할 만한 처지가 아닌데도 남이 하는 짓을 덩달아 흉내 내다가 웃음거리가 됨'을 비유적으로 이르는 속담입니다.

관용구

① 비단 방석에 앉다 → 매우 훌륭하고 보람 있는 지위나 자리를 차지하다.
② 비단 보자기를 씌우다 → 속은 보잘것없는데 겉만 아름답게 보이게 하다.

예문

· 그녀의 말씨가 비단같이 부드럽다.
· 비단을 실은 큰 배들이 촌민들의 굶주린 눈을 유혹하고 있을 것이다.

12일

감각 <small>感 느낄 감, 覺 깨달을 각</small>

눈, 코, 귀, 혀, 살갗을 통하여 바깥의 어떤 자극을 알아차림.

초등학교 3학년 교과서

'감각'과 관련된 말은? ▶

'시각(視覺)'은 '눈을 통해 빛의 자극을 받아들이는 감각',
'후각(嗅覺)'은 '코를 통해 냄새를 맡는 감각', '청각(聽覺)'은
'귀를 통해 소리를 느끼는 감각', '미각(味覺)'은 '혀를 통해 맛을 느끼는 감각',
'촉각(觸覺)'은 '피부를 통해 느끼는 감각'을 이르는 말입니다.

예문

- 감각이 둔하다.
- 그는 사고로 하반신의 감각을 잃어버렸다.
- 순간 그 선수는 균형 감각을 잃고 평균대에서 떨어져 버렸다.

13일

조율사

調 고를 조,
律 법 율,
師 전문가 사

악기의 음을 표준음에 맞추어 고르는 일을 직업으로 하는 사람

> 초등학교 3학년 교과서

'조율(調律)'의 뜻은?

'조율(調律)'은 '악기의 음을 표준음에 맞추어 고름'을 이르는 말인데, '문제를 어떤 대상에 알맞거나 마땅하도록 조절함'을 비유적으로 이르는 말이기도 합니다.

예문

- 나는 피아노 조율사 블링크란다.
- 머리가 희끗희끗한 조율사는 익숙한 손놀림으로 피아노의 현을 하나씩 조였다 풀었다 하며 음을 맞추었다.
- 요즘 많은 조율사들이 튜닝기를 쓰지만, 그는 귀로 음정과 음색을 고른다.
- 우리는 조율을 시키러 가는 거니까 역시 주 조율사는 송 선생이어야지.

5월

14일

높임 표현

높임,
表 겉 표,
現 나타낼 현

말하는 이가 어떤 대상에 대하여 높임의 태도를 나타내는 표현

초등학교 3학년 교과서

'높임 표현'에는 뭐가 있을까?

'높임 표현'에는 '주체 높임, 상대 높임, 객체 높임' 등이 있습니다.

① 주체 높임 : 용언의 어간에 높임의 선어말 어미 '-시-'를 붙여 문장의 주체를 높여 표현합니다.

[예] 어머니는 지혜로운 분이십니다.

② 상대 높임 : 일정한 종결 어미를 선택함으로써 상대편을 높여 표현합니다. '하십시오체', '해요체' 등이 있습니다.

③ 객체 높임 : 한 문장의 주어의 행위가 미치는 대상을 높여 표현합니다. 현대 국어에서는 '보다', '주다', '말하다'에 대하여 '뵙다', '드리다', '여쭈다'를 써서 표현합니다.

예문

· 어른에게 말할 때는 높임말과 높임 표현을 사용해야 합니다.

· 부모님과 대화할 때 높임 표현을 사용하지 않아서 꾸중을 들은 적이 있어.

15일

얌체공 bouncy ball, rubber ball

고무로 만든 작고 말랑말랑한 공

초등학교 3학년 교과서

'얌체공'은 누가 발명했을까?

얌체공은 폴리뷰타다이엔을 공 모양으로 만든 장난감입니다.
단단한 표면에 집어던지면 집어던질 때의 힘에 비례하여 되튕깁니다.
얌체공은 1965년 미국 캘리포니아의 화공학자인 노먼 스팅레이가
발명했습니다. 스팅레이는 심심해서 놀다가 자투리 고무조각을 압축했는데,
그 결과 얌체공이 만들어졌습니다.

예문

· 얌체공은 노먼 스팅레이가 발명했습니다.
· 얌체공은 '탱탱볼'이라고도 합니다.

16일

배턴 baton

달리기 경기에서, 앞 선수가 다음 선수에게 넘겨주는 막대기

초등학교 3학년 교과서

'이어달리기(릴레이)'에 대해 알아볼까?

'이어달리기'는 각 개인의 속력을 합리적으로 연결시킨 단체 운동으로, '계주(繼走)'라고도 합니다. 선수 개개인보다 4명의 협동심과 단결심이 요구되며, 400m·800m·1,500m 이어달리기가 있습니다. 이어달리기에서는 배턴을 주는 주자와 받는 주자의 속도가 일치하는 지점에서 배턴을 주고 받는 것이 가장 효과적입니다. 배턴의 길이는 28~30㎝이고, 무게는 50g 이상입니다.

예문

· 마지막 주자가 배턴을 떨어뜨리는 바람에 1위로 달리던 팀이 5위에 머물렀다.

17일

계시 啓 열 계, 示 보일 시

사람의 지혜로써는 알 수 없는 진리를 신이 가르쳐 알게 함.

초등학교 3학년 교과서

'계시'와 같은 말은?

'계시(啓示)'는 '깨우쳐 보여 줌'을 이르는 말인데,
'현시(現示)'와 같은 말입니다.

예문

· 휴정은 부처의 계시를 받은 듯, 홀연히 시심(詩心)이 움직였다.
· 그것은 금순이 너는 아직도 더 살아야 되느니라 하는 하늘의 계시였다.
· 수술을 끝낸 찰나 스쳐 가는 육감, 그것은 성공 여부의 적중률을 암시하
  는 계시 같은 것이다.
· 그들은 심령술의 대가이기도 했다.

18일

태극기

太 클 태,
極 다할 극,
旗 기 기

대한민국의 국기

초등학교 3학년 교과서

'태극기'는 어떤 문양일까?

태극기의 태극 문양은 진홍빛인 양(陽)과 푸른빛인 음(陰)이 어우러진 것은 조화로운 우주를 뜻하고, 네 모서리의 사괘는 하늘, 땅, 물, 불을 나타냅니다. 태극기는 조선 고종 19년(1882)에 일본에 수신사로 간 박영효가 처음 사용했고, 고종 20년(1883)에 정식으로 국기로 채택되었습니다.

예문

- 관람석을 가득 메운 태극기의 물결.
- 국경일이라서 태극기를 달았다.
- 태극기가 바람에 나부끼고 있다.
- 사람들이 손에 손에 태극기를 들고 대한 독립 만세를 외치며 몰려나왔다.

19일

날실

세로 방향으로 놓인 실

> 초등학교 3학년 교과서

'씨실'은 무엇일까?

'날실'은 '세로 방향으로 놓인 실'인데, '씨실'은 '가로 방향으로 놓인 실'입니다. '직물(織物)'은 '날실과 씨실을 직각으로 교차시켜 짠 물건'을 통틀어 이르는 말입니다. 옷감으로 사용되는 천, 원단 등이 대표적인 직물입니다.

예문

· 학수는 재빠른 솜씨로 기계에 날실을 바꾸어 건다.
· 그 옷감은 씨실과 날실의 교차가 뚜렷했다.

20일

자

길이의 단위

초등학교 3학년 교과서

길이의 단위는?

한 '자'는 약 30.3cm에 해당합니다. '자'와 같은 말로는
'척(尺)'이 있습니다. 한 '길'은 여덟 자 또는 열 자로 약 2.4m 또는
3m에 해당합니다.

[예] 열 길 물속은 알아도 한 길 사람 속은 알기 어렵습니다.

예문

· 자로 잰 듯 정확하다.
· 그는 시인의 코, 입, 귀, 이마 및 전신을 자로 재고 그 치수를 정확히
  축소해서 캔버스에 옮겼다고 해요.
· 그 집 안방은 창문에서 창문까지 이십오 자 너비다.

21일

처방

處 살 처, 方 모 방

병을 치료하기 위하여 증상에 따라 약을 짓는 방법

초등학교 3학년 교과서

'처방'의 다른 뜻?

'처방'은 '일처리의 방법'을 이르는 말로도 쓰입니다.

예문

- 감기약은 의사가 처방한 날짜만큼 먹어야 합니다.
- 안경은 안과 의사의 처방에 따라 맞추는 것이 좋다.
- 수질 오염을 막기 위한 다양한 처방이 학계에서 논의되고 있다.
- 각계 인사들로부터 현 위기 상황의 진단과 처방에 대해 들어 보겠습니다.

5월

22일

닥풀

한지를 만들 때 쓰는 식물

초등학교 3학년 교과서

'풀'과 관련된 말은?

'닥풀'은 아욱과의 한해살이풀인데, 줄기는 높이가 1미터 정도이며, 뿌리는 종이를 만드는 데 쓰입니다. '풀 끝에 앉은 새 몸'은 '매우 불안한 처지에 있음'을, '풀 끝의 이슬'은 '인생이 풀 끝의 이슬처럼 덧없고 허무함'을, '풀을 베면 뿌리를 없이 하라'는 '무슨 일이든 하려면 철저히 하여야 함'을 비유적으로 이르는 속담입니다.

예문
- 닥풀의 원산지는 아시아 동부입니다.
- 닥풀을 베어 한지를 만들었다.

23일

재판

裁 마를 재, 判 판가름할 판

옳고 그름을 따져 판단함.

초등학교 3학년 교과서

'재판'의 종류는?

재판은 소송 사건을 해결하기 위하여 법원 또는 법관이
공권적 판단을 내리는 일입니다. 재판에는 민사 재판, 형사 재판,
행정 재판의 세 가지가 있습니다.

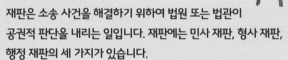

**동음
이의어**

① 재판(再版) : 이미 간행된 책을 다시 출판함. 또는 그런 출판물
[예] 그 작품은 독자들에게 대단한 반향을 불러일으켜 책이 처음 나오자마자
곧 재판에 들어갔다.
② 지나간 일을 다시 되풀이함. 또는 그렇게 하는 일
[예] 그 드라마는 등장인물만 바뀌었을 뿐 70년대 인기 드라마의 재판이다.

예문

· 재판도 세 번은 해야 하지 않소?
· 그들은 우리처럼 구체적인 재판 기록을 남기지 않습니다.

5월

24일

배려

配 아내 배, 慮 생각할 려

도와주거나 보살펴 주려고 마음을 씀.

> 초등학교 3학년 교과서

'배려'는 관계를 좋아지게 한다고?

배려(配慮)와 관심(關心), 칭찬(稱讚) 등은 인간관계를
좋아지게 합니다.

예문

- 관심과 배려를 아끼지 않다.
- 아이들 교육에 있어 지나친 배려는 오히려 해가 된다.
- 그 당시 등록금이 없었던 그는 스승의 배려로 공부를 계속할 수 있었다.
- 그의 세심한 배려에 따뜻한 인간미를 느꼈다.
- 장애인에 대한 비장애인들의 사랑과 배려가 그립습니다.

25일

낙숫물

落 떨어질 낙,
水 물 수,
물

처마 끝에서 떨어지는 물

> 초등학교 3학년 교과서

'낙숫물'과 관련된 속담은?

'낙숫물은 떨어지던 데 또 떨어진다'는 '한 번 버릇이 들면
고치기 어려움'을, '낙숫물이 댓돌을 뚫는다'는 '작은 힘이라도
꾸준히 계속하면 큰일을 이룰 수 있음'을 비유적으로 이르는 속담입니다.

예문

- 낙숫물이 바위를 뚫는다.
- 낙숫물을 받아 허드렛물로 썼다.
- 해가 떠오르면서 지붕 위의 눈이 녹아 처마 밑으로 낙숫물이 떨어졌다.
- 밤이 이슥해지자 처마 아래 울리던 낙숫물 소리도 아예 들을 수 없게 되었다.

26일

자기장

磁 자석 자,
氣 기운 기,
場 마당 장

자기의 작용이 미치는 공간

초등학교 3학년 교과서

'자기장'의 방향은?

자기장의 방향은 나침반이 가리키는 방향과 같습니다.
또한 자기장의 방향을 연속적으로 이은 선의 간격이 촘촘할수록
자기장의 세기가 셉니다.

예문

- 자기장을 전기로 바꿀 수 있다는 것을 마이클 패러데이는 발견했습니다.
- 지구 자기장의 양극은 시간적 간격을 두고 위치를 서로 바꾸기도 한다.
- 우리 은하계는 매우 미약한 자기장을 띠고 있다고 한다.
- 지구 자기장은 지구가 가진 자석과 같은 자성에 의하여 나타나는 자기장이다.
- 김 선생님은 자석을 쇳가루에 가까이하면서 우리에게 자기장에 대해 설명해 주셨다.

5월

27일

가화만사성

家 집 가,
和 화할 화,
萬 일만 만,
事 일 사,
成 이룰 성

집안이 화목하면 모든 일이 잘됨.

초등학교 3학년 교과서

'가화만사성'과 관련된 말은?

'가화만사흥(家和萬事興)'은 '집안이 화목하면 모든 일이
흥함'을 뜻하며, '가화만사성'의 '성(成)'을 '흥(興)'으로 바꾸어
이루어진 말입니다. '수신제가(修身齊家)'는 '몸과 마음을 닦아 수양하고
집안을 다스림'을 이르는 말입니다.

예문

- 가화만사성이라고 하지 않니. 우선 부인과 화해해.
- 주변에서 가정이 불행한데 성공한 사람을 찾기 힘들다는 점을 보면,
  가화만사성이 중요하다는 것을 실감한다.
- '소문만복래 가화만사성'이라는 말이 그냥 생긴 것이 아닐 것이다.

5월

28일

아나바다

아껴 쓰고, 나눠 쓰고, 바꿔 쓰고, 다시 쓰는 것

> 초등학교 3학년 교과서

'아나바다'는 줄임말?

'아나바다'는 중고 물품을 서로 교환하거나 판매하는
시스템을 통하여 물자 절약과 자원 재활용을 실천하려는 움직임을
통틀어 이르는 말입니다.
'아껴 쓰고, 나누어 쓰고, 바꾸어 쓰고, 다시 쓰다'의 줄임말입니다.

예문

· 매주 토요일 열리는 아나바다 장터에는 많은 주민들이 참여한다.
· 아직은 아나바다가 생활이 아니라 운동에 그치고 있다.
· 캠퍼스 조성을 위한 나눔의 축제로 25일 학생회관 앞에서 아나바다
  장터를 열었다.
· 쓰레기를 줄이기 위한 아나바다 운동이 얼마나 생활화되고 있는가도
  의심스럽다.

29일

비색 翡 물총새 비, 色 빛 색

고려청자의 빛깔과 같은 푸른색

> 초등학교 4학년 교과서

'자색'은 어떤 색일까?

'자색(紫色)'은 '짙은 자주색'입니다.
[예] 자색 두루마기는 서희의 얼굴을 창백하게 했다.

예문

· 예로부터 자색과 비색은 황색에 못지않은 귀한 색이었다.
· 자색이나 비색이 일반적으로 상층에서 쓰인 것은 고려 시대 복색의 특색이다.
· 도예가 김 선생님은 고려청자의 비색을 재현하기 위해서 사십여 년을 노력했다.
· 어머니께서는 그의 소식을 듣더니 비색이 얼굴에 가득하셨다.

30일

기품 氣 기운 기, 品 품평할 품

인격이나 작품 따위에서 드러나는 고상한 품격

> 초등학교 4학년 교과서

'기품'과 함께 자주 쓰이는 말은?

'품격(品格)'은 '사람 된 바탕과 타고난 성품'을 이르는 말로,
'기품(氣品)'과 함께 자주 쓰이는 말입니다.
[예] 자연 많은 사람 틈에 섞이면 그의 품격은 더욱 두드러져 보였다.

예문

· 기품이 있는 귀부인입니다.
· 그의 행동은 기품이 넘칩니다.
· 전에는 마치 새하얗게 소복한 여인처럼 감히 범접할 수 없는 기품 같
  은 것이 느껴지던 백목련이었다.

31일

풍파
風 바람 풍, 波 물결 파

세상살이의 어려움이나 고통

초등학교 4학년 교과서

'평지풍파(平地風波)'의 뜻은?

'풍파'는 '세찬 바람과 험한 물결'을 아울러 이르는 말로
'세상살이의 어려움이나 고통'을 뜻하는 말입니다. '평지풍파'는
'평온한 자리에서 일어나는 풍파'라는 뜻으로, '뜻밖에 분쟁이 일어남'을
비유적으로 이르는 말입니다.

예문

- 나는 아버지께서 타신 배가 풍파를 만나지 않고 무사히 돌아올 수 있 기만을 간절히 빌었다.
- 집안에 풍파를 일으키다.
- 부친이 오천 원 쓴 줄을 알면 초상 중에 혹시 무슨 풍파가 날지 겁이 나서도….
- 그 자리에 오르기까지는 숱한 고초와 풍파를 겪었지요.

1일

궁상맞다

窮 다할 궁,
狀 형상 상,
맞다

꾀죄죄하고 초라하다.

초등학교 4학년 교과서

'궁상맞다'와 비슷한 말은?

'궁상맞다'와 비슷한 말은 '꾀죄죄하다, 청승맞다'입니다.
'꾀죄죄하다'는 '옷차림이나 모양새가 매우 지저분하고 궁상스럽다'를,
'청승맞다'는 '궁상스럽고 처량하여 보기에 몹시 언짢다'를 이르는 말입니다.

예문

· 궁상맞은 얼굴이 보기 싫다.
· 궁상맞게 구질구질한 겨울비가 마당을 적셨다.
· 그만둬, 그런 궁상맞은 노랜 관두고 다른 걸 불러.

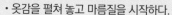

2일

마름질

옷감이나 제목 따위를 치수에 맞도록 재거나 자르는 일

초등학교 4학년 교과서

'벽돌 마름질'이란?

'벽돌 마름질'은 '벽 모서리 교차부 쌓기에 쓰이는
토막 벽돌을 만드는 일'을 이르는 말입니다.

예문

- 옷감을 펼쳐 놓고 마름질을 시작하다.
- 디자인을 하고 난 다음 마름질과 바느질 단계를 거치면, 한 벌의 옷
  이 만들어진다.
- 비단을 마름질하여 한복을 만들었다.
- 엄마는 자로 내 키와 품을 대강 재서 옷감을 어설프게 마름질하고
  나서 다시 내 몸에 걸쳐 보고는 시침질을 했다.

3일

주발

周 두루 주, 鉢 밥그릇 발

놋쇠로 만든 밥그릇

초등학교 4학년 교과서

'놋쇠'는 무엇일까?

'주발'은 '놋쇠로 만든 밥그릇'인데, '놋쇠'는 구리에 아연을
10~45% 넣어 만든 합금입니다. 가공하기 쉽고 녹슬지 않아
공업 재료로 널리 쓰입니다.

예문

- 주발에 밥을 퍼 담다.
- 할아버지께서 밥을 반 주발밖에 안 드신다.
- 아랫목 포대기 밑에 묻어 놓은 밥주발이 따끈따끈했다.
- 태남이는 얼른 밥주발을 상에다 올려놓고 저녁을 먹기 시작했다.

부뚜막

아궁이 위에 솥을 걸어 놓는 언저리

초등학교 4학년 교과서

'부뚜막'과 관련된 속담은?

'부뚜막 농사를 잘해야 낟알이 흔해진다'는 '부엌살림을 야무지게 하고 낟알을 절약하여야 식량이 여유 있음'을, '부뚜막에 개를 올려놓은 듯'은 '어떤 자리에 나타난 인물이 염치없이 구는 모양'을 비유적으로 이르는 말입니다. '부뚜막 땜질 못 하는 며느리 이마의 털만 뽑는다'는 '부뚜막에 땜질 하나 제대로 못 하여 너절하게 하고 사는 며느리가 그래도 모양을 내겠다고 이마의 털만 뽑고 있다'는 뜻으로, '일을 할 줄 모르는 주제에 멋만 부리는 밉살스러운 행동'을 비꼬는 말입니다.

예문

- 귀남네는 그릇들을 부뚜막에 옮겨 놓고 마른행주로 닦은 뒤 솥뚜껑을 연다.
- 귀덕이는 왕솥을 들어내서 꼭 불탄 집터처럼 뻥 구멍이 난 부뚜막에 쪼그려 앉은 채 장성댁의 구역질을 생각해 낸다.

5일

꼬소롬하다

'고소하다'의 방언

초등학교 4학년 교과서

'고소하다'와 관련된 속담은?

'고소하다'는 '남이 잘못되는 것을 보니 시원하고 재미있다'를 이르는 말입니다. '땅내가 고소하다'는 '오래지 않아 죽게 될 것이거나 죽고 싶은 생각이 든다'는 뜻의 속담입니다.

예문

· 상민이는 달수가 아프다는 소문을 듣고 참 꼬소롬하다고 생각했다.

· 아버지가 자전거로 학교에 다니는 게 꼬소롬하기도 했다.

· 그걸로 죽을 쑤면 색깔이 푸르스름하고 맛이 꼬소롬하다.

6일

부아

노엽거나 분한 마음

초등학교 4학년 교과서

'부아'와 관련된 속담은?

'부아 돋는 날 의붓아비 온다'는 '가뜩이나 화가 나서 참지 못하고 있는데 미운 사람이 찾아와 더욱 화를 돋우는 경우'를 비유적으로 이르는 속담입니다.

관용구

① 부아가 뒤집히다 → 분한 마음이 강하게 일어나다.
② 부아가 상투 끝까지 치밀어 오르다 → 부아가 몹시 치밀다.

예문

• 한편으로는 괜히 부아가 나기도 했다.
• 나는 끓어오르는 부아를 꾹 참았다.
• 재수를 하고 있는 내 앞에서 학교 자랑을 하는 친구를 보니 은근히 부아가 났다.

7일

켕기다

마음속으로 겁이 나고 탈이 날까 불안해하다.

초등학교 4학년 교과서

'켕기다'의 또 다른 뜻은?

'켕기다'는 '단단하고 팽팽하게 되다'는 뜻으로도 쓰이는 단어입니다.
[예] 그는 켕긴 연줄을 힘껏 당겼다가 다시 놓아주었다.

예문

- 영란이는 마음이 켕겼다.
- 녀석이 자꾸 나를 피하는 것이 뭔가 켕기는 것이 있는 것 같았다.
- 큰소리치지만 속으로는 켕기는 것이 있는 모양이군.
- 철수는 친구에게 거짓말을 한 것이 켕겨서 마음이 편치 않았다.

8일

홧홧거리다

달아오르는 듯한 뜨거운 기운이 자꾸 생기다.

초등학교 4학년 교과서

'홧홧거리다'와 비슷한 말은?

'달아오르다'는 '어떤 물체가 몹시 뜨거워지다'를 이르는 말입니다.
[예] 난로가 벌겋게 달아올랐다.

예문

- 나는 까닭 모를 수치심으로 인해 얼굴이 홧홧거렸다.
- 그의 글은 당시에나 지금이나 후배 기자들의 얼굴을 새삼 홧홧거리게 만든다.
- 그 사람의 농담 섞인 말에 그녀는 가슴이 홧홧거렸다.

9일

모정 _{모, 후 정자 정}

네모, 육모, 팔모 따위로 모가 나게 지은 정자

초등학교 4학년 교과서

'모정'의 동음이의어는?

'모정(母情)'은 '자식에 대한 어머니의 정'을 이르는 말입니다.

[예] 모정은 어쩔 수 없는지 어머니는 딸을 용서했다.

예문

· 모정에서 노인들에게 간식을 나누어 주었다.

· 그는 마당에 모정을 지었다.

10일

무슬림 Muslim

이슬람교를 믿는 사람

〉 초등학교 4학년 교과서 〈

'무슬림'과 같은 말은? ▸

'무슬림'과 같은 말은 '회교도(回敎徒)'입니다.

전 세계에는 10억이 넘는 회교도들이 있습니다.

[예] 라마단 기간이 되자 모든 회교도는 낮 동안의 금식을 시작하였다.

예문

・이곳은 이슬람교를 믿는 무슬림이 아니면 들어갈 수 없다고 합니다.
・무슬림의 여성들은 외출할 때 머리쓰개를 쓰는 것을 당연하게 생각한다.
・무슬림들은 매년 헤지라력 1월 1일을 '헤지라의 날'로 기념한다.
・무슬림은 돼지고기를 먹지 않는다.

11일

관용 寬 너그러울 관, 容 모습 용

남의 잘못 따위를 너그럽게 받아들이거나 용서함.

초등학교 4학년 교과서

'관용'의 동음이의어는?

'관용(慣用)'은 '습관적으로 늘 씀' 또는 '그렇게 쓰는 것'을 이르는 말입니다.
[예] 억지로 위엄을 보이느라고 원상회복이니 명령이니 하는 관용어를
내세우고 기세가 등등하여 가 버렸다.

예문

• 잘못을 용서하고 관용을 베풀었다.
• 유가의 인(仁)이나 불가의 자비(慈悲)도 적에 대한 관용을 중요한
   가르침의 일부로 삼고 있었다.

12일

즉위식

卽 곧 즉,
位 자리 위,
式 법 식

임금 자리에 오르는 것을 백성과 조상에게 알리기 위하여 치르는 의식

초등학교 4학년 교과서

조선 시대 왕들이 '즉위식'을 한 곳은?

'근정전(勤政殿)'은 경복궁 안에 있는 정전(正殿)으로,
조선 시대에 임금의 즉위식 등을 거행하던 곳입니다.
지금의 건물은 임진왜란 때 불탄 것을 고종 4년(1867)에 대원군이
다시 지은 것입니다.

예문

· 오늘은 왕이 엄숙한 즉위식을 갖는 날이다.
· 근성전에서 백관의 조하를 받아 왕의 자리에 나아가는 즉위식을 마쳤다.

13일

보좌 寶 보배 보, 座 자리 좌

임금이 앉는 자리

초등학교 4학년 교과서

'보좌'의 동음이의어는?

'보좌(補佐)'는 '상관을 도와 일을 처리함'을 뜻하는 말입니다.

[예] 노신들은 왕을 보좌해, 나라를 돌아볼 활달한 눈을 가지지 못하였다.

예문

• 선왕의 뒤를 이어 세자가 보좌에 올랐다.
• 전하, 보좌에 오르시기 바랍니다.

6월

14일

조아리다

상대편에게 존경의 뜻을 보이거나 애원하느라고
이마가 바닥에 닿은 정도로 머리를 자꾸 숙이다.

> 초등학교 4학년 교과서

'삼배구고두'란?

'삼배구고두(三拜九叩頭)'는 '세 번 절하고 그때마다 세 번씩,
모두 아홉 번 머리를 조아려 절하는 방식'을 이르는 말입니다.
[예] 인조가 청나라 태종 앞에 무릎을 꿇고 행한 삼배구고두 항복은
최악의 굴욕이었다.

예문

· 이기채가 이마를 조아려 재배를 하고는 차마 일어나지를 못하는데….
· 정통으로 얻어맞은 최재걸이 미처 대꾸할 기력을 잃고 상투만을 몇 번
  인가 조아렸다.

15일

유배
流 흐를 유, 配 아내 배

죄인을 귀양 보내는 벌

> 초등학교 4학년 교과서

'유배지'란?

'유배지(流配地)'는 '귀양살이하는 곳'입니다. 죄가 무거울수록
먼 곳으로 유배를 보냈습니다.
[예] 20년이라는 장구한 세월을 유배지에서 보냈다.

예문

- 외딴섬으로 유배 보냈다.
- 김만중은 유배를 당한 뒤에 어머니를 위하여 〈구운몽〉을 지었다.
- 정조는 한록에게 사약을 내리고 구주를 흑산도로 유배하였다.
- 유배 죄인은 귀양길에 오르기 앞서, 귀양 행장을 꾸리는 데 적어도 닷
  새 말미를….

6월

16일

사기
史 역사 사, 記 기록할 기

중국 한나라의 사마천이 엮은 역사책

초등학교 4학년 교과서

'사기'는 어떤 책?

'사기'는 중국 한나라의 사마천이 상고(上古)의 황제로부터
전한(前漢) 무제까지의 역대 왕조의 사적을 엮은 역사책입니다.
역사책인 사서(史書)로서 높이 평가될 뿐만 아니라 문학적인 가치도 높습니다.

**동음
이의어**

① 사기(士氣) : 의욕이나 자신감 따위로 충만하여 굽힐 줄 모르는 기세
② 사기(詐欺) : 나쁜 꾀로 남을 속임.

예문

• 사마천은 아버지의 유언을 받들어 《사기》를 편찬하게 되었다.

17일

간신배

奸 범할 간,
臣 신하 신,
輩 무리 배

간사한 신하의 무리

초등학교 4학년 교과서

'간신(奸臣)'과 '간신(諫臣)'은 반대라고?

'간신(奸臣)'은 '간사한 신하'이고 '간신(諫臣)'은 '임금에게
옳은 말로 간하는 신하'입니다.
[예] 조선 시대에 간신(諫臣)은, 사간원과 사헌부에 속하여
임금의 잘못을 간(諫)하고 백관(百官)의 비행을 규탄하던 벼슬입니다.

예문

- 간신배의 모함을 받다.
- 간신배들에 맞서 바른 뜻을 굽히지 않았다.
- 왜적은 결코 아니 온다 하여 군사의 마음을 흐트러뜨려 게을리하고,
  세도 있는 간신배에게 붙어서 장차 나라를 결딴내려 하니….

6월

18일

정적
政 정사 정, 敵 대적할 적

정치에서 대립되는 처지에 있는 사람

초등학교 4학년 교과서

'정적(政敵)'의 동음이의어는?

'정적(靜寂)'은 '고요하여 괴괴함'을,

'정적(靜的)'을 '정지 상태에 있는 것'을 이르는 말입니다.

[예] 숨소리 하나 들리지 않을 만큼 정적이 흘렀다.

[예] 그는 성격이 정적이다.

예문

• 정적들의 모함으로 유배를 가 있었습니다.

• 정적을 제거하다.

• 자기네들의 정적인 서인들을 모두 극형에 처하게 하였다.

6월

19일

편찬 編 엮을 편, 纂 모을 찬

여러 가지 자료를 모아 체계적으로 정리하여 책을 만듦.

초등학교 4학년 교과서

방송 프로그램은 '편찬'이 옳을까? '편성'이 옳을까?

'편성(編成)'은 '엮어 모아서 책·신문·영화 따위를 만듦'을
이르는 말입니다. 방송 프로그램은 '편성'이라고 해야 옳습니다.

예문

• 여러 가지 자료를 모아 체계적으로 편찬하여 책을 만들었다.
• 우리 민족 최초의 국어사전 편찬 사업은 1910년대부터 시작되었다.
• 《경국대전(經國大典)》의 편찬은 조선 초기의 법률 제도를 정리하는
  데 크게 기여했다.

20일

전폭적

全 온전할 전,
幅 폭 폭,
的 과녁 적

전체에 걸쳐 남김없이 완전한 것

> 초등학교 4학년 교과서

'전폭적'의 반대말은? ▶

'전폭적(全幅的)'의 반대말은 '부분적(部分的)'입니다.
'부분적'은 '전체가 아닌 일부만 한정한 것'을 이르는 말입니다.

예문

· 유희춘은 선조의 전폭적인 지원 아래 이미 편찬된 책들의 오류를 바로잡
고 새로이 찍어 냈습니다.
· 전폭적인 관심을 받았습니다.
· 전폭적인 지지와 성원을 보냈다.
· 모든 사람들이 그 사람의 문제 제기와 해결 방안에 전폭적으로 공감한다.
· 우린 누구나 어느 편엔가 조금씩 또는 전폭적으로 가담하고 있단 말일세.

21일

성현

聖 성스러울 성, 賢 어질 현

성인(聖人)과 현인(賢人)을 아울러 이르는 말

> 초등학교 4학년 교과서

'성현'과 관련된 속담은?

'성현이 나면 기린이 나고 군자가 나면 봉이 난다'는
'어진 이나 임금이 나타나 나라를 잘 다스리면 기린이나
봉황이 나타나는 것과 같은 상서로운 일이 일어남'을 이르는 속담입니다.

예문

- 성현은 지혜와 덕이 매우 뛰어나 길이 우러러 본받을 사람과 어질고
  총명한 사람입니다.
- 성현의 말씀을 따라 행동하다.
- 백성의 우두머리인 선비가 백성의 본이 되어 성현의 가르침을 좇아 제
  대로 목민을 해야 나라가 바로 서는 법인데….

22일

창작욕

創 비롯할 창,
作 지을 작,
欲 하고자 할 욕

새로운 예술 작품을 만들어 내려는 욕구

초등학교 4학년 교과서

예술가에게 필요한 것은?

예술가라면 창작욕이 있어야 하는데, '예술을 소중히 여기는
예술가의 정신'인 '예술혼(藝術魂)'도 있어야 합니다.
[예] 사양길에 접어든 판소리를 고수하려는 고집스러운 예술혼이 빛난다.

예문

• 이 계획은 모방이나 아류가 아닌 창작욕의 산물이다.
• 그것은 엄밀히 말하면 창작욕으로 만들어진 예술품이었다.

23일

지가
紙 종이 지, 價 값 가

종이의 값

초등학교 4학년 교과서

'지가를 올리다'의 뜻은? ▶

'낙양의 지가를 올리다'는 중국 진(晉)나라의 좌사(左思)가
≪삼도부(三都賦)≫를 지었을 때 낙양 사람이 다투어 이것을 베낀 까닭에
종잇값이 올랐다는 데서 생긴 말입니다.
이 말은 '어떤 책이 매우 잘 팔림'을 비유적으로 이르는 말입니다.

**동음
이의어**

지가(地價) : 토지의 가격
[예] 지하철역이 생기자 그 주변 지역의 지가가 몇 배나 올랐다.

예문

• 물가가 올라서 지가가 크게 올랐다.
• 각 신문사마다 경쟁이 붙어 저마다 신문값을 내려 팔다 보니 나중에는
지가도 남기기 어려웠다.

24일

권리

權 저울추 권, 利 날카로울 리

어떤 일을 자유롭게 행하거나 다른 사람에게 자신의 생각을 주장하고 요구할 수 있는 자격

> 초등학교 4학년 교과서

'천부인권'은 무엇일까?

'천부인권(天賦人權)'은 '인간이 태어나면서부터 가지고 있는 권리'입니다. 자기 보존이나 자기 방위의 권리, 자유나 평등의 권리 등이 천부인권입니다.

예문

· 권리를 주장하다.
· 권리를 침해하다.
· 사람에게는 교육을 받을 권리가 있다.
· 민주주의 국가에서는 국민의 자유와 권리가 보장된다.
· 무슨 권리로 남의 나라에 와서 남의 나라 사람을 함부로 잡아가는 거요?

25일

날개를 달다

능력이나 상황 따위가 더 좋아지다.

> 초등학교 4학년 교과서

'날개'와 관련된 속담은? ▶

'날개 돋친 범'은 '몹시 날쌔고 용맹스러운 기상'을,
'날개 없는 봉황'은 '쓸모없고 보람 없게 된 처지'를,
'날개 부러진 매'는 '위세를 부리다가 타격을 받고 힘없게 된 사람'을
비유적으로 이르는 속담입니다.

예문

· 그 회사는 합병을 하고 흑자 행진에 날개를 달았다.
· 선진이는 자기만의 방을 가지게 되면서 공부를 하는 데 날개를 달았다.

6월

26일

이무기

전설상의 동물로 뿔이 없는 용

> 초등학교 4학년 교과서

'용'과 관련된 속담은?

'용 못 된 이무기'는 '의리나 인정은 찾아볼 수 없고
심술만 남아 있어 남에게 손해만 입히는 사람'을,
'용 못 된 이무기 방천 낸다'는 '못된 사람은 못된 짓만 한다'는 것을
이르는 속담입니다.

예문

- 그 굴속에는 몇백 년 묵은 이무기가 산다고 전해져 있다.
- 이무기는 천 년을 다 채워야만 용이 되어 다시 하늘에 오를 수 있다.
- 이무기는 갈라진 얼음 사이로 떨어지는 오늘이를 구해 마침내 용이 된다.

27일

그림말

컴퓨터나 휴대 전화의 문자와 기호, 숫자 따위를 조합해 만든 그림 문자

초등학교 4학년 교과서

'그림말'과 같은 말은?

'그림말'은 '감정이나 느낌을 전달할 때 사용하는데, 같은 말로는 '이모티콘(emoticon)'이 있습니다.

예문

· 나는 재미난 표정의 그림말로 준기에게 내 감정을 전했다.
· 문법 파괴, 비속어, 은어, 이모티콘(그림말) 남용은 한글의 오염 상태를 심각하게 경고하고 있습니다.
· 대부분의 홍보 글들은 자극적인 문구와 그림말로 구성됐다.
· 단어뿐 아니라 회화적 기호를 이용한 그림말도 소통 언어로서 다채롭게 쓰이고 있다.

28일

권법
拳 주먹 권, 法 법 법

정신 수양과 신체 단련을 위하여 주먹을 놀리어서 하는 운동

초등학교 4학년 교과서

'소림사 권법'이란?

'소림사 권법(少林寺 拳法)'은 선승(禪僧)의 수행법의 하나로
달마가 인도에서 전한 권법입니다. 무기를 사용하지 않고
몸의 각 부분을 써서 상대를 공격하는 동시에 몸을 지키는 권법입니다.

예문

- 이 기술은 상대방의 급소를 겨냥해서 한순간에 무너뜨리는 권법이다.
- 그들 형제는 권법에 특별히 뛰어난 재주를 가졌다.
- 중국의 권법은 수십 가지의 유파로 나뉜다.
- 그는 산중에서 칩거하여 홀로 무술 권법을 수학하였다.
- 조선 시대에 무인은 필수적으로 택견이나 권법을 익혔다.

29일

광

세간이나 그 밖의 여러 가지 물건을 넣어 두는 곳

초등학교 4학년 교과서

'광'과 관련된 속담은?

'광에서 인심 난다'는 '자신이 넉넉해야
다른 사람도 도울 수 있음'을 비유적으로 이르는 속담입니다.

비슷한 말

곳간(庫間) : 물건을 간직하여 두는 곳
[예] 이럴 때 맘씨 좋은 부자가 곳간을 열고 우리를 도와주면 평생 그 은혜를 안 잊을 것인데.

예문

• 볏섬을 광에 가득히 쌓아 올리다.
• 시어머니는 며느리에게 광의 열쇠를 넘겨주었다.
• 아버지는 아무 말도 하지 않고 그대로 광을 나가더니 나를 남겨 둔 채 문에다 쇠를 채워 버렸다.

30일

양민 良 좋을 양, 民 백성 민

선량한 백성

초등학교 4학년 교과서

조선 시대 '양민'은 어떤 사람?

조선 시대에 '양민(良民)'은, '양반과 천민의 중간 신분으로
천역(賤役)에 종사하지 아니하던 백성'입니다.
[예] 태조 이성계는 노비 신분으로 있던 많은 사람들을 양민으로 해방시켰다.

예문

· 광주에서 군인들이 무고한 양민을 학살했다.
· 영달은 6·25 당시 자신도 병역 기피자이면서 경찰의 끄나풀 노릇을
 하며 무수한 양민들을 괴롭힌 존재이다.

1일

여의다

부모나 사랑하는 사람이 죽어서 이별하다.

초등학교 4학년 교과서

'여의다'와 '여위다'는 어떻게 다를까?

'여의다'와 '여위다'는 사용하는 경우가 다릅니다.

"얼마 전에 부친을 여의었다"처럼 '여의다'는 '누군가가 세상을 떠나 이별하게 되었을 때' 씁니다. 이와 달리 '여위다'는 "병중에 누운 아버지가 매우 여위셨다"처럼 '몸의 살이 빠져 파리하게 될 때' 씁니다.

예문
- 어린 나이에 부모를 여의고 친척 집에 맡겨졌다.
- 사랑하는 애인을 여의고 아까운 청춘을 철창에서 썩히고, 그 빌미로 중병까지 들어….

비슷한 말

사별하다 : 죽어서 이별하다.

2일

실학 <small>實 열매 실, 學 배울 학</small>

조선 시대에 실생활의 유익을 목표로 한 새로운 학풍

초등학교 4학년 교과서

'실학'은 어떤 학문일까?

실학은 조선 시대에 실생활에 이롭거나 도움이 되는 것을 목표로
한 새로운 학문이었습니다. 17세기부터 18세기까지 융성하였으며,
실사구시(實事求是, 사실에 토대를 두어 진리를 탐구하는 일)와
이용후생(利用厚生, 기구를 편리하게 쓰고 먹을 것과 입을 것을 넉넉하게 하여
국민의 생활을 나아지게 함)을 추구했습니다.

예문

· 정약용은 유형원과 이익 등의 실학을 계승하고 집대성하였다.
· 그의 얘기를 듣고 있으면 조선 시대의 유학자가 실학을 논하는 것 같다.

3일

동지
冬 겨울 동, 至 이를 지

이십사절기의 하나

초등학교 4학년 교과서

'동지'는 어떤 날일까?

동지는 태양이 동지점을 통과하는 때인 양력 12월 22일이나 23일경입니다. 북반구에서는 일 년 중 낮이 가장 짧고 밤이 가장 깁니다. 동지에는 팥죽 먹는 풍습이 있답니다.

속담

① 동지 때 개딸기 : 이미 철이 지나서 도저히 얻을 수 없는 것을 바란다는 뜻
② 정성이 지극하면 동지섣달에도 꽃이 핀다. : 정성을 다하면 어려운 일도 해낼 수 있음을 비유적으로 이르는 말

예문

• 동지가 지나면 낮이 길어지고 밤이 짧아진다.
• 옛 아낙네들은 동지만 되면 버선을 새로 지어 시어른께 바쳤다.

4일

신작로

新 새 신,
作 지을 작,
路 길 로

새로 만든 길이라는 뜻으로,
자동차가 다닐 수 있을 정도로 넓게 새로 낸 길

초등학교 4학년 교과서

'신작로'와 비슷한 말은?

'신작로(新作路)'는 '크고 넓은 길'이라는 뜻으로도 쓰이는
말인데, 대로(大路)도 같은 뜻을 지닌 말입니다.

예문

- 밤에는 좁은 길로 다니지 말고 신작로로 오너라.
- 어머니가 손을 들어 저물어 오는 신작로 끝을 가리킨다.
- 신작로가 되어 버스가 경적 소리를 내며 달려가고 있는 것이었다.
- 신작로는 텅 비었다.

5일

봉당 _{封 봉할 봉, 堂 집 당}

안방과 건넌방 사이의 마루를 놓을 자리에 마루를 놓지 않고 흙바닥 그대로 둔 곳

초등학교 4학년 교과서

'봉당'과 관련된 속담은?

'봉당을 빌려주니 안방까지 달란다'는 '매우 염치없음'을 비유적으로 이르는 속담입니다.

예문

- 봉당에 맷방석을 놓고 허구한 날 잣을 까는 그의 어머니의 모습은….
- 주인 없는 집 봉당에 흰 박통만이 흰 박통을 의지하고 굴러 있었다.
- 영달이는 흙벽 틈에 삐죽이 솟은 나무 막대나 문짝, 선반 등속의 땔 만한 것들을 끌어모아 봉당 가운데 쌓았다.

7월

6일

두레

농촌에서 농사일을 함께 하려고 만든 마을 단위의 조직

⟩ 초등학교 4학년 교과서 ⟨

'두레'와 '품앗이'란?

기쁨은 두 배로, 어려움과 슬픔은 반으로 나누는 '두레'는
우리 겨레의 아름다운 전통입니다. 이와 비슷한 전통으로는,
힘든 일을 서로 거들어 주면서 품을 나누는 '품앗이'가 있습니다.

예문

- 두레는 농민들이 농번기에 농사일을 공동으로 하기 위하여 부락이나 마을 단위로 만든 조직이었다.
- 쌀농사는 노동 집약적이기 때문에 두레와 같은 협업 제도가 발생하였다.
- 일하는 사람들이 자기들의 노동력을 두레라는 조직 밑에 결집시켜 그 노동으로 자기들의 농사를 지었다.

7일

이산가족

離 떼놓을 이,
散 흩어질 산,
家 집 가,
族 가계 족

남북 분단 따위의 사정으로 이리저리 흩어져서 서로 소식을 모르는 가족

초등학교 4학년 교과서

'이산가족을 찾습니다'가 기네스북에 올랐다고?

'이산가족을 찾습니다'는 KBS1에서 1983년 6월 30일부터 같은 해 11월 14일까지 138일, 총 453시간 45분 동안 생방송으로 진행했던 프로그램입니다. 단일 생방송 프로그램으로는 세계 최장기간 연속 생방송 기록을 갖고 있어서 기네스북에 올랐습니다. 방송 기간 동안 10,189가족이 재회할 수 있었습니다.

예문

- 육이오 전쟁으로 인해서 그들 자매는 이산가족이 되고 말았다.
- 북쪽이 고향인 어머니께서는 이산가족 상봉을 보시며 말없이 눈물만 흘리셨다.
- 방송에서 본 이산가족이 얼싸안고 눈물을 흘리는 장면은 아직도 잊히지 않는다.
- 재회한 이산가족들을 찾아다니며 그들이 헤어져 지낸 30년의 회고담을 엮으면 전쟁이 낳은 생생한 인간 드라마가 나올 겁니다.

8일

누리 소통망

누리, 疏 트일 소, 通 통할 통, 網 그물 망

**소셜 네트워크를 형성하여 다른 사람들과
교류할 수 있도록 응용 프로그램이나
누리집 따위를 관리하는 서비스**

초등학교 5학년 교과서

'누리 소통망'의 다른 이름은?

'누리'는 '세상'을 예스럽게 이르는 말인데, '누리 소통망'은
'소셜 네트워크 서비스(SNS)'를 우리말로 순화한 말입니다.

예문

- 이들은 45일간 누리 소통망 등을 활용해 누리망 홍보, 방문객 접수 및 안내, 농산물 판매 활동을 돕는다.
- 한편 정부는 불법 저작물 유통을 예방하고 스마트폰 및 앱 스토어, 누리 소통망에서의 저작권 침해도 적극 대응할 계획이다.
- 농업인들의 현장 애로를 해결하기 위해 누리 소통망 서비스를 활용한 전문가 기술 컨설팅 사업이 추진된다.

9일

농한기

農 농사 농,
閑 막을 한,
期 기약할 기

농사일이 바쁘지 아니하여 겨를이 많은 때

초등학교 5학년 교과서

'농한기'의 반대말은?

농한기의 반대말은 농번기입니다.
'농번기(農繁期)'는 모내기와 추수 등을 하느라
'농사일이 매우 바쁜 때'입니다.

예문

- 음력 정월은 농한기라서 마을 사람이 모두 모여 줄을 만든다.
- 한가한 농한기를 틈타 부업을 시작하다.
- 농촌이 이제는 농한기도 없어지고 일 년 내내 일에 쫓기고 시달리는 형편이 되었다.
- 농사일을 끝내고 농한기가 오면 그곳 남정네들은 하나 빠짐없이 등짐 장사에 나서곤 했어.
- 오후의 햇살도 농한기의 한가함에 젖어 비스듬히 누워 비추고 있었다.

10일

어르다

사람이나 짐승을 놀리며 장난하다.

초등학교 5학년 교과서

'어르다'와 관련된 속담은?

'어르고 뺨 치기'는 '그럴듯한 말로 꾀어서 은근히 남을
해롭게 함'을, '어르고 등골 뺀다'는 '그럴듯한 말로 꾀어서
은근히 남을 해롭게 함'을 비유적으로 이르는 속담입니다.

예문
- 고양이는 쥐 한 마리를 물어 와서 앞발로 어르고 있었다.
- 고양이를 어르고 있던 그 여자는 대문을 열어 주며 높고 빠른 말씨로 지껄였다.

비슷한 말
① 놀리다 : 짓궂게 굴거나 흉을 보거나 웃음거리로 만들다.
② 조롱하다 : 비웃거나 깔보면서 놀리다.

11일

상설

常 항상 상, 設 세울 설

언제든지 이용할 수 있도록 설비와 시설을 갖추어 둠.

> 초등학교 5학년 교과서

'상설'의 반대말은?

상설의 반대말은 임시입니다. '임시(臨時)'는 '미리 정하지
아니하고 그때그때 필요에 따라 정한 것'을 이르는 말입니다.

동음 이의어

상설(霜雪) : 눈과 서리를 아울러 이르는 말

예문

· 처음 발끝이 닿은 장소는 2층 '한글이 걸어온 길' 상설 전시실이었다.

· 우리 동네에 상설 오페라 극장이 생겼다.

· 정기 모임은 매월 첫째 주 화요일에 개최하며 곧 상설 사무실도 마련
할 계획입니다.

· 교육부는 상설 편집진을 두어 지속적으로 교과서에 대한 연구를 하고
매년 해당 교과서를 검토해 수정하게 했다.

12일

소모 消 사라질 소, 耗 줄 모

써서 없앰.

초등학교 5학년 교과서

'소모'와 비슷한 말은?

'소비(消費)'는 '돈이나 물자, 시간, 노력 따위를 들이거나 써서 없앰'을, '소진(消盡)'은 '점점 줄어들어 다 없어짐'을 이르는 말입니다.

예문

· 하루 종일 공기 청정기를 켜 놓으면 전기 소모가 많을 수 있습니다.

· 수중전에서는 선수들이 몸싸움을 피하며 체력 소모를 줄이려고 한다.

· 가전제품을 사용하지 않을 때 코드를 빼놓으면 불필요한 전력 소모를 막을 수 있다.

· 쓸데없이 움직여서 에너지를 소모하기가 싫다.

· 유가 인상 이후 연료 소모가 적은 경차 수요가 크게 늘고 있다.

13일

우울증

憂 근심할 우,
鬱 막힐 울,
症 증세 증

기분이 언짢아 명랑하지 아니한 심리 상태

초등학교 5학년 교과서

'우울증'의 반대말은?

우울증은 고민, 무능, 비관, 염세, 허무 등에 사로잡히는 질병입니다.
우울증의 반대말은 조증(躁症)입니다. 조증은 '기분이 고양되고,
의욕이 고무되는 질병'입니다.

예문

· 건강 달리기의 효과로 집중력이 향상되고, 우울증과 불안감이 줄어든다.
· 그는 누이의 교통사고 사망 충격으로 한동안 우울증을 앓았다.
· 최근 찾아오는 환자들의 대부분이 우울증과 불안감으로 인한 수면 장애
　를 호소하고 있다.
· 자극이나 흥미가 없는 일상의 반복에서 오는 무력감 때문에 도시인일수
　록 우울증에 걸리기 쉽다.
· 그는 우울증에 빠져 세상만사가 다 귀찮게 여겨졌다.

14일

호응 呼 부를 호, 應 응할 응

앞에 어떤 말이 오면 거기에 응하는 말이 따라옴.

초등학교 5학년 교과서

'호응'의 예는?

'결코' 뒤에는 서술어에 부정, '제발' 뒤에는 서술어에 청원,
'아마' 뒤에는 서술어에 추측의 뜻을 가지는 말이 따라오게 됩니다.

예문

- 문장 성분의 호응이 바르지 않은 문장을 찾아 밑줄을 그어 보세요.
- 문장의 호응 관계 가운데 가장 기본적인 것은 서술어를 중심으로 하여
  주어, 목적어 등 문장 성분들이 호응을 이루어야 한다.
- '이를 씻다.'는 서술어를 '닦다'로 표현해야 호응 관계가 맞다.
- '너, 선생님이 빨리 오래.'는 높임 표현의 대상인 선생님과 호응되어야
  하므로, '오래'를 '오라셔'로 바꾸어야 한다.

15일

글감

글의 내용이 되는 재료

초등학교 5학년 교과서

'글감'과 비슷한 말은?

'글거리'는 '글의 내용이 되는 재료'를,
'소재(素材)' 역시 '글의 내용이 되는 재료'를 이르는 말입니다.

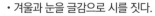

예문

- 겨울과 눈을 글감으로 시를 짓다.
- 글을 쓸 때에는 목적에 맞는 글감을 잘 선택해야 한다.
- 이번 글짓기 대회의 글감은 정류장이다.
- 나는 시를 짓기 전에 먼저 머릿속에 떠오르는 글감을 찾아 적어 놓는다.
- 글을 쓸 때에는 목적에 맞는 글감을 잘 선택하고, 이를 효과적으로 표현하는 것이 중요하다.

16일

주제

主 주인 주, 題 표제 제

지은이가 나타내고자 하는 기본적인 사상

초등학교 5학년 교과서

'주제'와 비슷한 말은?

'논제(論題)'는 '논설이나 논문, 토론 등의 주제나 제목'을
이르는 말입니다.

**동음
이의어**

주제 : 변변하지 못한 몰골이나 몸치장
[예] 네 주제에 그런 사치품이 어울리겠니?

예문

• 자연의 아름다움을 주제로 한 그림을 그려 보세요.
• 그 연극은 심각한 주제를 해학적으로 표현했다.
• 오늘 강당에서는 '한국의 농업 정책'이라는 주제로 강연이 있다.
• 그는 사랑을 주제로 시를 썼다.

17일

장날 _{場 마당 장, 날}

장이 서는 날

> 초등학교 5학년 교과서

'가는 날이 장날'은 어떤 말?

'가는 날이 장날'은 '일을 보러 가니 공교롭게 장이 서는 날'이라는 뜻으로, '어떤 일을 하려고 하는데 뜻하지 않은 일을 공교롭게 당함'을 비유적으로 이르는 말입니다.

[예] 가는 날이 장날이라더니 길이 혼잡해서 지각하게 되었다.

예문

- "가는 날이 장날"이라더니 해변은 축제 때문에 사람들로 가득했다.
- 닷새마다 한 번씩 서는 장날이 아니라도 저녁이면 주정꾼의 욕설과 노랫가락이 그칠 날이 없습니다.

18일

즉흥
卽 곧 즉, 興 일어날 흥

그 자리에서 바로 일어나는 감흥

초등학교 5학년 교과서

'즉흥 표현'이란?

'즉흥 표현(卽興表現)'은 '생각이나 느낌을 자유롭게 떠오르는 대로 말이나 행동, 표정으로 나타내는 활동'입니다.

예문

- 소설은 즉흥에서 써지는 게 아닌 건 아실 겁니다.
- 네로를 본받아서 나도 즉흥으로 한 곡조 두드려 볼까.
- 신념을 지닌 사람과 즉흥만 있는 사람의 차이는 이만저만이 아니다.

19일

낟가리

낟알이 붙은 곡식을 그대로 쌓은 더미

초등학교 5학년 교과서

'낟가리'와 관련된 속담은?

'낟가리에 불 질러 놓고 손발 쬐일 놈'은 '남이 큰 손해를 보는 것은
아랑곳하지 않고 자기의 작은 이익만을 추구하는 사람'을
비유적으로 이르는 속담입니다.

예문

- 아우야! 네가 우리 낟가리에 볏단을 옮겨 놓았구나!
- 이 짚은 단으로 묶어서 낟가리를 쌓아 두어라.
- 추수가 시작되었는지, 낟가리가 묶여서 논두렁에 일렬로 늘어놓아져
  있었다.

비슷한 말

① 노적(露積) : 곡식 따위를 한데에 수북이 쌓음.
② 볏가리 : 벼를 베어서 가려 놓거나 볏단을 차곡차곡 쌓은 더미

7월

20일

소품 <small>小 작을 소, 品 물건 품</small>

연극이나 영화 따위에서 무대 장치나 분장에 쓰는 작은 도구류

그림자 연극에는 어떤 '소품'이 필요할까?

<홍부와 놀부>를 그림자 연극으로 준비하려면 어떤 소품이
필요할까요? 셀로판테이프, LED 손전등, 스크린 등의 소품이
필요합니다.

예문

- 그녀는 드라마의 소품 담당자이다.
- 연극이 끝나자 단원들은 소품을 챙기느라 부산했다.

7월

21일

뜬금없다

갑작스럽고도 엉뚱하다.

초등학교 5학년 교과서

'뜬금없다'와 비슷한 말은?

'갑작스럽다'는 '미처 생각할 겨를이 없이 급하게 일어난 데가 있다'를, '난데없다'는 '갑자기 불쑥 나타나 어디서 왔는지 알 수 없다'를 의미하는 말입니다.

예문

- 그에게 뜬금없는 돈이 생겼다.
- 사오정이 뜬금없는 말로 우리에게 재미와 웃음을 준다.
- 뜬금없는 그의 말에 나는 할 말을 찾지 못했다.
- 당신이 내 곁에 있기 때문에 나는 가끔 뜬금없는 웃음을 머금고 하늘을 보며 싱긋거리는 것입니다.
- 서울시 출입 기자단과의 오찬 간담회 자리에서 한 기자가 뜬금없는 질문을 던졌다.

22일

걸림돌

일을 해 나가는 데에 걸리거나 막히는 장애물을 비유적으로 이르는 말

> 초등학교 5학년 교과서

'걸림돌'과 비슷한 말은?

'장애물'은 '가로막아서 거치적거리게 하는 사물'을 의미하는 말입니다. '거침돌'은 '거추장스럽게 걸리거나 막히는 것'을 비유적으로 이르는 말입니다.

예문

· 우리 귀 건강에 가장 큰 걸림돌은 '이어폰'입니다.
· 큰아버지가 빨갱이라는 사실이 그녀의 앞길에 큰 걸림돌이 되었다.
· 나는 만약 둘이 진심으로 사랑한다면 학력 차이는 결혼의 걸림돌이 될 수 없다고 생각해.
· 난 그 아이의 삼촌이 아니라 멍에며 족쇄며 걸림돌일 수 있다.

23일

유의어

類 무리 유,
義 옳을 의,
語 말씀 어

뜻이 서로 비슷한 말

> 초등학교 5학년 교과서

'유의어'와 비슷한 말은?

'동의어(同義語)'는 '뜻이 같은 말'을,
'비슷한 말'은 '뜻이 서로 비슷한 말'을 이르는 말입니다.

반대말

반대말(反對말) : 뜻이 서로 정반대되는 관계에 있는 말

예문

· '유의어' 사전을 가져와서 낱말을 찾아보도록!
· 이 사전에는 유의어 사전과 숙어 사전, 영어 회화 사전 등 영어에 대한
  다양한 사전들이 수록돼 있다.
· 이 프로그램은 이 밖에도 유의어 사전 참조 기능, 맞춤법 오류 교정에
  의한 확장 검색 기능을 제공한다.

24일

모여나기

여러 개의 잎이 짤막한 줄기에 무더기로 나는 일

초등학교 5학년 교과서

'소나무'와 관련된 속담은?

'소나무가 무성하면 잣나무도 기뻐한다'는 '가까운 동료나 친구 또는 자기편 사람이 잘되면 좋아한다'를, '못된 소나무에 솔방울만 많다'는 '쓸데 없는 것이 번식만 많이 한다'를 이르는 속담입니다.

예문

• 소나무처럼 잎이 한곳에서 모여나는 '모여나기'가 있습니다.
• '모여나기'는 잎이 달리는 마디의 사이가 아주 짧아 마치 한자리에 달리는 것처럼 난다.

25일

닥나무

뽕나뭇과의 낙엽 활엽 관목

초등학교 5학년 교과서

'닥나무'는 어떤 나무일까?

닥나무는 뽕나뭇과의 낙엽 활엽 관목이고, 높이는 3미터 정도입니다. 열매는 '저실(楮實)' 또는 '구수자(構樹子)'라 하여 약으로 먹습니다. 어린잎은 먹을 것으로, 껍질은 한지를 만드는 데 씁니다. 산기슭의 양지바른 곳이나 밭둑에서 자라는데 한국, 일본, 중국, 대만 등지에 분포합니다.

예문

- 우리는 박물관에서 닥나무로 한지를 만드는 체험을 했다.
- 이 옷은 닥나무 50퍼센트와 면섬유 50퍼센트를 섞어 짠 한지 섬유로 만든 것이다.
- 닥나무로 한지를 만드는 기술로는 밥벌이가 안 되어 우리는 다른 부업을 찾아야 했다.
- 고개를 들어 닥나무의 우람한 가지들을 휘둘러보기도 했다.

26일

콩대

콩을 떨어내고 남은, 잎을 제외한 나머지 부분

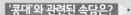

초등학교 5학년 교과서

'콩대'와 관련된 속담은? ▶

콩대는 불이 잘 붙어 땔감으로 씁니다. '두꺼비 콩대에 올라
세상이 넓다 한다'는 '생각하는 것이나 하는 일이 근시안적이고
옹졸한 사람'을 비유적으로 이르는 속담입니다.

예문

- 콩대를 잘 말렸다가 땔감으로 쓰면 빠작빠작 잘 탄다.
- 외할머니는 마른 콩대를 아궁이에 밀어 넣었다.
- 참깨나 콩대를 묶은 깍짓동이 밭머리에 나동그라져 있는 빈 밭도….
- 앉은뱅이는 꺾은 콩대를 가슴에 끼고 밭고랑 사이를 기었다.
- 빨래할 잿물을 만들기 위해 안마당에서 콩대를 태우던 그들의 어머니
  가….

27일

잇꽃

국화과의 두해살이풀

초등학교 5학년 교과서

'잇꽃'은 어떤 꽃일까?

잇꽃의 높이는 1미터 정도이며, 잎은 어긋나고 넓은 피침 모양입니다.
7~9월에 붉은빛을 띤 누런색의 꽃이 줄기 끝과 가지 끝에 핍니다.
씨로는 기름을 짜고, 꽃은 약으로 먹고, 꽃물로 붉은빛 물감을 만듭니다.

속담

① 국화는 서리를 맞아도 꺾이지 않는다 → 절개나 의지가 매우 강한 사람은 어떤 시련에도 굴하지 아니하고 꿋꿋이 이겨 냄을 비유적으로 이르는 말

② 짚신에 국화 그리기 → 거칠게 만든 하찮은 물건에 고급스러운 물건을 사용한다는 뜻으로, 격에 어울리지 않는 모양이나 차림새를 비유적으로 이르는 말

③ 매화도 한철 국화도 한철 → 모든 사물은 저마다 한창때가 있다는 말

예문

• 잇꽃은 이집트 원산으로 중국·인도·남유럽·북아메리카 등 세계적으로 널리 분포하고 있습니다.

• 잇꽃은 꽃에서 붉은색 염료를 얻는다 하여 홍화(紅花)라고도 한다.

28일

망태기 _網 網 그물 망, 태기

물건을 담아 들거나 어깨에 메고 다닐 수 있도록 만든 그릇

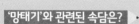
초등학교 5학년 교과서

'망태기'와 관련된 속담은?

망태기는 주로 가는 새끼나 노 따위로 엮거나 그물처럼 떠서
성기게 만듭니다. '큰 고기는 잡아 제 망태기에 넣는다'는
'제 욕심부터 채움'을 비유적으로 이르는 속담입니다.

예문

• 그는 갈치 묶음을 받아 망태기 한편에 넣고는 일어섰다.
• 찬 바람이 휭 도는 빈방에는 씨앗이며 산나물 망태기가 주렁주렁 걸려 있
  었다.
• 그는 들고 있던 망태기에서 고구마를 꺼냈다.

**비슷한
말**

① 망탁(網橐) : 물건을 담아 들거나 어깨에 메고 다닐 수 있도록 만든 그릇
② 망태 : '망태기'의 줄임말

29일

옻칠하다

옻, 칠,
漆 옻 칠,
하다

가구나 나무 그릇 따위에 윤을 내기 위하여 옻을 바르다.

> 초등학교 5학년 교과서

'옻칠하다'와 관련된 속담은?

'조리에 옻칠한다'는 '소용없는 일에 괜히 마음을 쓰고 수고하는
경우'를 비꼬는 속담입니다. '격에 맞지 아니하게 꾸며 도리어 흉함'을
비유적으로 이르는 말입니다. '뒷간에 옻칠하고 사나 보자'는 '재물을
인색하게 모으는 사람에게 뒷간까지 옻칠을 해 가며 살겠느냐'는 뜻으로,
'얼마나 잘사는지 두고 보겠다'는 말입니다.

예문
· 헌 장롱을 반질반질하게 옻칠하느라 하루 종일 고생했다.
· 교장이 새까맣게 옻칠한 상자를 자기 눈높이로 받들고 걸어가는 걸 훔쳐보았다.

비슷한 말
① 칠하다 : 가구나 나무 그릇 따위에 윤을 내기 위하여 옻을 바르다.
② 휴칠하다 : 가구나 나무 그릇 따위에 윤을 내기 위하여 옻을 바르다.

30일

무분별

無 없을 무,
分 구별할 분,
別 나눌 별

분별이 없음.

초등학교 5학년 교과서

'무분별'과 비슷한 말은?

'맹목(盲目)'은 '이성을 잃어 적절한 분별이나 판단을 못하는 것'을,
'몰지각(沒知覺)'은 '지각이 전혀 없음'을 이르는 말입니다.

예문

· 영어를 무분별하게 사용하는 예로 무엇이 있을까?
· 무분별한 개발로 자연이 많이 훼손되고 있다.
· 무분별한 밀렵으로 멧돼지의 수가 점점 줄어들고 있다.
· 무분별한 개발로 농촌의 황폐가 극심한 지경에 이르다.

31일

자제

自 스스로 자, 制 억제할 제

자기의 감정이나 욕망을 스스로 억제함.

초등학교 5학년 교과서

'자제'와 비슷한 말은?

'극기(克己)'는 '자기의 감정이나 욕심, 충동 따위를 이성적
의지로 눌러 이김'을, '금욕(禁慾)'은 '욕구나 욕망을 억제하고 금함'을,
'억제(抑制)'는 '감정이나 욕망, 충동적 행동 따위를 내리눌러서 그치게 함'을
이르는 말입니다.

**동음
이의어**

자제(子弟) : 남을 높여 그의 아들을 이르는 말

예문

• 영어 사용을 자제해 달라고 요청할 수도 있어.
• 시민 단체는 호화 해외여행에 대한 자제를 촉구했다.
• 자율에는 엄격한 책임과 자제가 동반된다.
• 인솔자는 위험한 상황이 발생할 수 있으므로 개인행동 자제를 요청하
였다.

1일

관서 지방

關 빗장 관,
西 서쪽 서,
地 땅 지,
方 모 방

우리나라의 평안남도와 평안북도를 통틀어서 이르는 말

초등학교 5학년 교과서

'관서(關西)'의 동음이의어는?

'관서(官署)'는 '관청과 그 부속 기관을 통틀어
이르는 말'입니다. '관서(觀書)'는 '소리를 내지 않고 속으로
글을 읽음'을 이르는 말입니다. 비슷한 말로 '묵독'이 있습니다.

예문

- 관서 지방에서 이름난 사업가가 되었습니다.
- 관서의 묘향산에서 두 분 스님들이 자주 왕래하시곤 했습니다.
- 그는 관서 지방의 수령으로 임명되었다.

2일

청일전쟁

淸 맑을 청,
日 해 일,
戰 싸울 전,
爭 다툴 쟁

1894년부터 1895년까지 조선의 지배를 둘러싸고 청나라(중국)와 일본 사이에 벌어진 전쟁

초등학교 5학년 교과서

'청일전쟁'은 왜 일어났을까?

청일전쟁은 1894년에 조선에서 동학 농민 운동이 일어나자 조선에 대한 종주권을 둘러싸고 청나라와 일본 제국이 벌인 전쟁입니다. 1894년 7월 25일 일본 제국이 선전포고 없이 풍도에 주둔하고 있던 청나라 해군을 기습 공격하면서 청일 전쟁이 발발했습니다. 일본군은 평양·황해·웨이하이웨이(威海衛) 등지에서 승리하고 1895년에 시모노세키 조약을 맺었습니다.

예문

- 청일 전쟁 당시, 중국은 그들 입장에서 미개하다고 생각했던 국가인 일본에 패해서 그 충격이 매우 컸다.
- 평안도는 러일 전쟁 10년 전에 일어난 청일 전쟁의 주요 전투지였다.
- 청일 전쟁이 끝난 뒤부터는 일본에서 자본가들이 대거 건너와서 전국 주요 농산 지역의 토지 매입에 나서기 시작했다.

3일

피란

避 피할 피, 亂 어지러울 란

난리를 피해 옮겨 감.

초등학교 5학년 교과서

'피란'이 옳을까? '피난'이 옳을까?

'피란(避亂)'은 '난리를 피해 옮겨 감'을, '피난(避難)'은 '재난을 피해 옮겨 감'을 뜻하는 말입니다. '난리(亂離)'는 '전쟁(戰爭)'이나 병란(兵亂)'을 뜻하고, '재난(災難)'은 '뜻밖에 일어난 재앙과 고난'을 뜻하므로, 전쟁을 피해 옮겨 갈 때는 '피란(避亂)'이라고 해야 합니다.

예문

- 피란을 갔다 오니 가게가 있던 곳에 빈터만이 남았습니다.
- 우리 가족은 1·4 후퇴 당시에 외가가 있는 산골로 피란을 갔다.
- 전쟁이 일어나자 남쪽으로 피란하는 행렬이 줄을 이었다.
- 어머니는 동생을 등에 업고 피란길을 떠났다.

4일

차용증

借 빌릴 차,
用 쓸 용,
證 증거 증

남의 돈이나 물건을 빌린 것을 증명하는 문서

초등학교 5학년 교과서

'영수증'은 무엇일까?

'영수증(領收證)'은 '돈이나 물품 따위를 받은 사실을
표시하는 증서'입니다.

예문

- 돈을 빌려주고 차용증을 받았다.
- 빌렸으면 차용증을 쓸 일이지 왜 보관증을 썼느냐?
- 그 사람은 자식에게도 차용증을 받을 만큼 이해관계가 철저하다.
- 남에게 돈을 빌려줄 때는 꼭 차용증을 작성해 놓아야 뒤탈이 없다.
- 그는 차용증에 돈을 갚겠다고 명기했다.

5일

화기환

和 화할 화,
氣 기운 기,
丸 약 환

**퇴계 이황이 만든 눈에 보이지 않는 약으로
'참을 인'이라는 한자를 종이 위에 쓴 것**

초등학교 5학년 교과서

퇴계 이황의 '화기환'이란?

퇴계 이황은 건강 장수 비법서 《활인심방》을 펴냈습니다.
《활인심방》은 '모든 병은 마음에서 비롯되니, 마음만 잘 다스려도 질병을
예방하고, 치료하는 데 도움이 된다'고 말합니다. 퇴계 이황의 《활인심방》에는
마음을 다스리는 처방법으로 화기환이 나옵니다. 화기환은 '참을 인(忍)'
자를 생각하며 참으라는 것을 뜻합니다.

예문

- 화기환은 환약을 입에 넣고 침만 삼키듯 '참을 인(忍)' 자를 생각하며
  참으라는 것을 뜻한다.
- 화기환으로 마음을 잘 다스려 정신적인 스트레스를 조절만 해도 질병
  을 피할 수 있다.

6일

자아 존중감

自 스스로 자, 我 나 아, 尊 높을 존, 重 무거울 중, 感 느낄 감

자신을 소중히 여기는 마음

초등학교 5학년 교과서

'자아 존중감'이란?

자아 존중감은 자기 자신이 가치 있고 소중하며, 유능하고 긍정적인 존재라고 믿는 마음입니다. 미국의 의사이자 철학자인 윌리엄 제임스(1842~1910)가 1890년대에 처음 사용한 말입니다. '자아(自我)'는 '자기 자신에 대한 의식이나 관념'을 이르는 말입니다.

예문

- 고등학생이 되자 비로소 자아에 눈을 떴다.
- 이 작품의 서정적 자아에 대해 분석하시오.
- 교육은 우리가 스스로 자아를 발견할 수 있게 도와준다.
- 은퇴 후에도 경제 활동을 통해 자아를 실현하고자 하는 노인 인구가 크게 늘고 있다.

7일

사이버 공간

cyber,
空 빌 공,
間 틈 간

현실 세계가 아닌 인터넷으로 연결된 가상공간

초등학교 5학년 교과서

'사이버 공간'에서 필요한 태도는?

사이버 공간에서는 서로 얼굴을 보지 않고 만나므로 상대방을
더욱 존중하고 배려하는 자세가 필요합니다. 또 자신의 생각을
글로 표현할 때에는 나와 다른 생각이나 의견도 인정하는
열린 마음가짐을 갖는 것이 좋습니다.

예문

- 사이버 공간에 몰입하게 되면 실제의 자기와 사이버 공간의 자기를 혼동하게 되는 경우가 종종 발생한다.
- 경쟁력 강화를 위하여 국가 차원에서 추진하고 있는 고속 전산망 계획은 사이버 공간을 이용하는 사람들에게는 희소식이 아닐 수 없다.
- 최근에는 단순히 아바타를 가꾸는 데 그치지 않고 아바타를 통해 현실 생활처럼 사이버 공간에서 살아가는 아라족들이 빠르게 늘어나고 있다.

8일

누리꾼

인터넷과 같은 통신망을 이용해 활동하는 사람들

> 초등학교 5학년 교과서

'네티즌'이 아니라 '누리꾼'?

'네티즌(netizen)'은 '사이버 공간에서 활동하는 사람'으로 '누리꾼'과 같은 말입니다. 이 말은 '인터넷 통신망'을 뜻하는 'network'와 '시민'을 뜻하는 'citizen'의 합성어입니다. 국립국어원은 2004년부터 '네티즌' 대신 '누리꾼'을 사용하라고 권하고 있습니다.

예문

- 광고주들은 광고 모델을 정할 때에도 누리꾼의 의견을 반영한다.
- 누리꾼들은 물의를 일으킨 연예인의 블로그를 악성 댓글로 도배하였다.
- 이 블로그는 일부 누리꾼의 비난성 댓글로 도배가 되어 있더니 곧 폐쇄되었다.
- 공통의 관심사를 가진 누리꾼들은 인터넷에서 커뮤니티를 형성해 왕성하게 활동한다.

9일

네티켓 netiquette

사이버 공간을 이용하는 사람들이 지켜야 하는 예절

초등학교 5학년 교과서

'네티켓'이 아니라 '누리꾼 예절'?

'네티켓(netiquette)'은 '컴퓨터 통신이나 인터넷상에서 지켜야 할 예절'을 의미하는 말로, '네트워크(network)'와 '에티켓(étiquette)'의 합성어입니다. 국립국어원은 2015년부터 '네티켓' 대신 '누리꾼 예절'을 사용하라고 권하고 있습니다.

예문

- 익명 게시판이라고 남을 비방하지 말고 네티켓을 지켜야 한다.
- 익명성 뒤에 숨어 타인을 공격하기보다 네티켓을 지켜 즐거운 인터넷 문화를 만들어 가야 할 때다.
- 인터넷 사용자들 사이에 네티켓이 자리 잡지 못해 욕설과 비방, 중독 등의 악플이 심각한 사회 문제로 대두되고 있다.

10일

개인 정보

個 낱 개,
人 사람 인,
情 뜻 정,
報 알릴 보

개인을 구별해 알아볼 수 있는 정보

초등학교 5학년 교과서

'개인 정보'는 어떤 것이 있을까?

개인 정보는 이름, 주민등록번호, 주소, 전화번호 등
인적 사항에서부터 사회·경제적 지위와 상태, 교육, 건강·의료,
재산, 문화 활동 및 정치적 성향 등에 이르기까지 그 종류가 매우 다양하고
폭이 넓습니다. 2011년 3월 29일부터 개인 정보를 보호하기 위해
개인 정보 보호법이 시행되고 있습니다.

예문

- 인터넷이 발달하면서 개인 정보가 노출될 위험도 커졌다.
- 개인 정보의 침해가 심각한 문제를 야기함에 따라 정보 보호의 필요성이 절실해지고 있다.
- 정보화가 진전되면서 개인 정보도 디지털화되어 가고 있다.
- 앞으로 개인 정보를 포함한 행정 정보를 공동 이용할 때는 반드시 본인의 사전 동의를 받아야 한다.
- 전자 주민 카드의 사용은 개인 정보 유출의 위험이 있다.

11일

저작권

著 지을 저,
作 지을 작,
權 저울추 권

저작자가 자신이 만든 저작물에 행사하는 권리

> 초등학교 5학년 교과서

'저작권'과 비슷한 말은?

'저작권(著作權)'과 비슷한 말은 '창작권(創作權)'이 있습니다. 창작권은 저작자가 저작물에 대하여 인격적 이익을 유지하는 권리입니다. 저작권은 창작물에 대하여 저작자나 그 권리 승계인이 행사할 수 있으며, 저작자의 생존 기간 및 사후 70년간 유지됩니다.

예문

- 우리나라에서는 아직 저작권에 대한 인식이 많이 부족하다.
- 그 작가는 저작권의 침해에 대해 강력하게 대응하겠다고 밝혔다.
- 이 책의 저작권은 그 출판사에 양도되었다.
- 저작자가 사망한 뒤에도 저작권은 보호를 받는다.
- 초·중등학교 교과서는 또한 교육부가 저작권을 가졌거나 검인정한 것만 사용하도록 하고 있다.

12일

사이버 폭력

cyber
暴 사나울 폭,
力 힘 력

사이버 공간에서 다른 사람에게 피해를 주는 모든 행위

초등학교 5학년 교과서

'사이버 폭력'은 무엇일까?

사이버 폭력은 인터넷상에서 상대방이 원하지 않는 언어,
이미지 따위를 일방적으로 전달하여 정신적·심리적 압박을
느끼도록 하거나 현실 공간에서의 피해를 유발하는 일입니다.

예문

· 사이버 폭력을 당하는 피해자는 정신적 스트레스를 받는다.
· 어른들에게는 다소 생소한 사이버 폭력이 10대들에게는 이미 일반화
  된 폭력의 한 형태로 자리 잡았다.
· 사이버 폭력과 관련해 익명성 뒤에 숨어 폭력을 조장하는 악티즌에게
  사이버 민주주의를 내맡겨선 안 된다.

8월

13일

선플
善 착할 선, reply

인터넷의 게시판 따위에 올려진 내용에 대해 긍정적인 평가를 하여 쓴 댓글

초등학교 5학년 교과서

'선플'의 반대말은?

선플의 반대말은 악플(惡reply)입니다.
악플은 '악의적인 댓글'을 뜻하는 말입니다.

예문

- 최근에는 다행히 호감형 배우로 돌아서 악플보다는 선플이 많다.
- 선플 달기 국민운동 본부는 '선플 달아 주는 아름다운 네티즌'을 상징하는 꽃으로 해바라기를 선정, 국민 운동의 마스코트로 사용한다.
- 이 단체는 또 적극적인 활동을 보여 준 선플러들을 선정해 스타와의 만남을 주선하는 등 선플 관련 각종 이벤트를 통해 선플 달기 운동을 적극 확대시킬 계획이라고 밝혔다.

14일

멈숨듣반

'멈추기, 숨쉬기, 듣기, 반응하기'의 줄임말

초등학교 5학년 교과서

'멈숨듣반'은 무엇일까?

5학년 도덕 교과서 5단원 '갈등을 해결하는 지혜'에는 '멈숨듣반'이 나옵니다. 다른 사람의 생각과 감정을 이해하려면 상대방을 깊이 이해하는 데 집중하지 못하도록 방해하는 것들에게서 멀리 떨어져 있어야 합니다. 친구의 이야기를 들을 때나 싸울 때, 상대방에게 반응하기 전에 잠시 멈추어야 한다는 것을 가르치는 것이 감정 조절과 공감의 핵심입니다.

예문

- 1단계는 멈추기(stop)입니다. 친구가 무엇인가 공유하고 싶을 때, 자신이 하던 일을 멈추는 것을 말합니다.
- 2단계는 숨쉬기(심호흡하기, Breathe)입니다. 컴퓨터를 끄거나 친구에게 가까이 다가감으로써 더 잘 들을 수 있게 준비합니다.
- 3단계는 듣기(Listen)입니다. 친구가 마음에 담아 둔 이야기라면 무엇이든 털어놓을 수 있도록 듣는 것을 의미합니다.
- 4단계는 반응하기(Respond)입니다. 따뜻하고 배려심 있는 태도로 반응하는 것을 말합니다.

15일

인권 人 사람 인, 權 저울추 권

인간으로서 당연히 가지는 기본적인 권리

> 초등학교 5학년 교과서

세계 인권 선언 제1조는?

'세계 인권 선언 제1조'는 '모든 사람은 태어날 때부터 자유롭고, 존엄하며, 평등하다'입니다. '인권(人權)'과 비슷한 말은 '자연권(自然權)'입니다. '자연권'은 '자연법에 의하여 인간이 태어나면서부터 가지고 있는 권리'입니다.

예문

- 인권 침해 책임자를 재판에 부쳐 처벌하였다.
- 전쟁 중에는 흔히 인권과 자유가 말살되기 일쑤이다.
- 그의 인간에 대한 사랑은 인권 운동으로 발현되고 있다.
- 이번에 열리는 인권 위원회는 인류가 지향해야 할 인권의 규준을 세워 나가는 토론의 장이었다.

16일

육하원칙

六 여섯 육,
何 어찌 하,
原 근원 원,
則 법칙 칙

기사를 쓸 때 지켜야 하는 기본적인 원칙

> 초등학교 5학년 교과서

'육하원칙'은 무엇일까?

육하원칙은 역사 기사, 보도 기사 따위의 문장을 쓸 때에 지켜야 하는 기본적인 원칙으로, '누가, 언제, 어디서, 무엇을, 어떻게, 왜'의 여섯 가지를 이르는 말입니다.

예문

· 글을 간결하고 명확히 쓰기 위해서는 육하원칙에 따라야 한다.
· 신문에 실린 기사들은 대부분 육하원칙에 의거하여 작성된 것이다.
· 이번 답사 보고서는 육하원칙에 입각한 기사문 형식으로 써 오세요.

17일

큐 드럼 Q drum

둥그런 통에 끈을 달아 굴려서 많은 양의 물을
쉽게 옮길 수 있게 하는 도구

초등학교 5학년 교과서

'큐 드럼'은 무엇일까?

큐 드럼은 원통 가운데로 구멍이 뚫린 부분에 끈이 연결된 형태의
물통으로, 알파벳 큐(Q)와 그 모양이 비슷하여 '큐 드럼'이라고 부릅니다.
이 물통은 에티오피아, 케냐 등 아프리카 물 부족 국가에서 살아가는
사람들이 식수를 구하는 데 도움을 주기 위해 남아프리카 공화국의
한스 헨드릭스와 피에트 헨드릭스 형제(Hans and Piet Handrikse)가
개발했습니다.

예문

- 큐 드럼은 한 번에 약 50L의 물을 담을 수 있습니다.
- 큐 드럼은 많은 양의 물을 적은 힘으로 운반하는 것이 가능하다.
- 큐 드럼의 보급으로 아이들의 학교 출석률 및 진학률이 증가하였다.

18일

라이프 스트로

Life Straw

더러운 물을 깨끗하게 만들어 마실 수 있게 하는 도구

초등학교 5학년 교과서

'라이프 스트로'는 무엇일까?

라이프 스트로는 오염된 물을 깨끗하게 해 주는 휴대용 정수 빨대예요. 오염된 물을 먹고 질병에 걸리기 쉬운 물 부족 국가에서 아주 유용하게 쓰일 수 있어요. 라이프 스트로의 필터는 오염된 물에 사는 미생물과 기생충을 거의 모두 걸러 낼 수 있어요.

예문

- 라이프 스트로는 휴대가 간편하여 목에 걸고 다닐 수 있어요.
- 라이프 스트로는 물을 마실 때 기존의 빨대처럼 물에 넣고 빨아들이면 돼요.

19일

호주제

戶 지게 호,
主 주인 주,
制 마를 제

부모 중 아버지를 가정의 대표로 삼아 가족 구성원의 출생·혼인·사망 등을 기록하는 제도

초등학교 5학년 교과서

'호주제'는 언제 폐지되었을까?

호주제는 2005년 헌법재판소의 호주제 헌법불합치 결정과
여성계를 중심으로 한 거센 폐지 요구에 따라
2008년 1월 1일부터 폐지되었고, 현재는 가족관계등록부 제도가
시행되고 있습니다.

예문

- 호주제는 호주를 중심으로 가족 구성원들의 출생·혼인·사망 등의 신분 변동을 기록하는 제도입니다.
- 호주제는 일제강점기 때 처음 도입됐다.
- 우리나라는 2007년 12월 31일까지 세계에서 유일하게 호주제를 채택한 국가였다.

20일

띠앗

형제나 자매 사이의 우애심

초등학교 5학년 교과서

'띠앗'과 비슷한 말은?

'띠앗머리'는 '띠앗'을 속되게 이르는 말입니다.

'형제애(兄弟愛)'는 '형이나 아우 또는 동기(同氣)에 대한 사랑'을
이르는 말입니다.

예문

• 우리 집은 형제가 둘뿐이라 유난히 띠앗이 좋은 편이다.

• 견훤의 자식이 여러 어미의 소생으로 띠앗이 좋지 못한 것은….

21일

판서 _{判 판가름할 판, 書 쓸 서}

조신 시대에 육조의 으뜸 벼슬

초등학교 6학년 교과서

'판서'는 어떤 벼슬일까? ▶

판서는 육조(六曹)의 정이품 벼슬로 태종 5년(1405)부터 고종 31년(1894)까지 있었습니다. 육조는 이조, 호조, 예조, 병조, 형조, 공조를 이르는 말입니다.

예문

- 홍길동의 아버지는 판서에 오른 양반이었으나 어머니는 노비였다.
- 그 가문은 판서만도 여럿을 배출한 명문이다.
- 그는 병조 판서로 복직되어 서울로 올라왔다.
- 이조 판서에 배수된 김 대감은 성은에 감격하였다.

22일

견문
見 볼 견, 聞 들을 문

보거나 듣거나 하여 깨달아 얻은 지식

> 초등학교 6학년 교과서

'견문록'은 어떤 책일까?

'견문록(見聞錄)'은 '보고 들은 지식을 기록하여 놓은 글'입니다.
《동방견문록》은 13세기 루스티켈로 다 피사가 마르코 폴로의
아시아 여행담을 기록한 책이고, 《이향견문록》은 조선 후기의 학자인
유재건이 저술한 중인층 이하 출신의 인물들에 대한 행적을 담은 책입니다.

예문

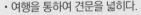

- 여행을 통하여 견문을 넓히다.
- 추사 선생은 허련의 그림을 보고 견문이 부족하다고 혹평한다.
- 젊을 때에는 여러 곳을 여행하여 견문을 넓히는 것이 중요하다.
- 그녀는 외국에서 공부하면서 전공에 대한 지식과 견문을 쌓고 싶다고
  했다.

23일

문하생

門 문 문,
下 아래 하,
生 날 생

스승 아래에서 가르침을 받는 제자

> 초등학교 6학년 교과서

'문하생'과 비슷한 말은?

'문도(門徒)'는 '이름난 학자 밑에서 배우는 제자'를,

'문하(門下)'는 '문하에서 배우는 제자'를 이르는 말입니다.

예문

· 그의 명성을 듣고 화가 지망생들이 문하생이 되고자 그를 찾았다.

· 그는 원로 시인 해경 선생의 문하생 중 시단에서 가장 주목받는 인물이다.

· 이 국악 전집은 각종 민요 80곡을 황 선생님과 그 문하생의 창으로 녹음한 것이다.

24일

화첩
畫 그림 화, 帖 표제 첩

그림을 모아 엮은 책

〉 초등학교 6학년 교과서 〈

'화첩'과 비슷한 말은? ▶

그림책은 '그림을 모아 놓은 책'을,
화집(畫集)은 '그림을 모아 엮은 책'을 이르는 말입니다.

예문

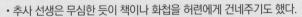

- 추사 선생은 무심한 듯이 책이나 화첩을 허련에게 건네주기도 했다.
- 나는 풍경화를 그리기 위해 화첩과 화구를 챙겨 시외로 나갔다.
- 그녀는 한 여인의 얼굴 표정을 그린 화첩을 보여 주었다.
- 낡은 화첩을 새로 장황해 놓으니 전혀 다르게 보인다.
- 그는 화첩(畫帖)에 찍힌 묵인을 자세히 살펴보았다.

25일

기껍다

마음속으로 은근히 기쁘다.

초등학교 6학년 교과서

'기껍다'와 비슷한 말은?

'기쁘다'는 '욕구가 충족되어 마음이 흐뭇하고 흡족하다'를
'즐겁다'는 '마음에 거슬림이 없이 흐뭇하고 기쁘다'를
이르는 말입니다.

예문

- 오랜만에 온 가족이 화기애애하게 모인 것이 진실로 기꺼웠다.
- 어머니는 낡은 집을 떠나 아파트로 이사하시는 것이 별로 기껍지 않은
  듯하셨다.
- 그들은 기꺼운 낯으로 우리를 맞아 주었다.
- 그는 남을 도울 때는 기껍고 간절한 마음으로 해야 한다고 말했다.

8월

26일

행장 <small>行 갈 행, 裝 꾸밀 장</small>

여행할 때 쓰는 물건과 차림

> 초등학교 6학년 교과서

'행장'과 비슷한 말은?

'행구(行具)'와 '행리(行李)'는 '여행할 때 쓰는 물건과 차림'을
이르는 말입니다.

**동음
이의어**

행장(行長) : 은행을 대표하여 직무상의 최고 책임을 맡고 있는 사람
[예] 그는 이번에 새 행장으로 선출되었다.

예문

• 추사 선생이 행장을 꾸렸다.
• 그들은 길을 떠나기 전에 행장을 꾸렸다.
• 선비는 행장 속에서 붓과 벼루를 꺼냈다.

8월

27일

탁본

拓 박다 탁, 本 밑 본

비석, 기와, 기물 따위에 새겨진 글씨나 무늬를 종이에 그대로 떠냄.

> 초등학교 6학년 교과서

'탁본'과 비슷한 말은?

'비첩(碑帖)'은 '비석에 새긴 글자나 그림 따위를 그대로
종이에 박아 낸 것'을. '수탁(手拓)'은 '탁본을 뜸'을
이르는 말입니다.

예문

- 우리는 그 비문의 탁본을 뜨려고 한다.
- 아이들은 자신이 만든 탁본이 신기한지 완성된 것을 자랑하기에 정신이 없다.
- 학생들은 이번 방학 중에 몸소 체험할 수 있는 박물관 견학, 탁본, 현장 답사 등을 해 볼 계획이다.
- 추사 탁본은 대부분 만년작이 많은데 말년의 쓸쓸함과 원숙미, 천진난만함이 뒤섞여 추사체의 정수를 보여 준다.

28일

부임지

赴 나아갈 부,
任 맡길 임,
地 땅 지

임무를 받아 근무하는 곳

> 초등학교 6학년 교과서

'부임지'와 비슷한 말은?

'임지(任地)'는 '부임지'와 뜻이 같은 말입니다.

예문

- 선생님은 교직 생활의 첫 부임지인 우리 학교를 잊지 못하셨다.
- 군인이셨던 아버지가 부임지를 이리저리 옮겨 다니셨기 때문에 나 역시 여러 초등학교를 전전했다.
- 그는 첫 부임지인 이곳에서 꼬박 십 년을 보냈다.
- 관찰사는 부임지에서 임금에게 여러 번 독소를 올렸다.

29일

성글다

물건의 사이가 뜨다.

초등학교 6학년 교과서

'성글다'와 비슷한 말은?

'성기다'는 '성글다'와 뜻이 같은 말입니다.

예문

- 돗자리의 올이 굵고 성글게 짜여 있었다.
- 그는 머리칼은 성글었으나 인물은 훤하였다.
- 굵어져 후드득 성글게 떨어지는 빗방울이 얼굴을 때렸으나 그는 유쾌했다.
- 대나무가 성글게 난 자리에 앉았다.
- 나는 방학이 되니 하루하루가 성글어서 지루했다.

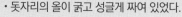

30일

띠풀

벗과의 여러해살이풀

> 초등학교 6학년 교과서

'띠풀'의 효능은?

띠풀은 한방에서 약재로 쓰는데, 뿌리는 해열, 이뇨, 지혈 등의 효능이 있어 열병으로 인한 갈증, 천식, 신장염, 임질, 수종, 간염, 황달, 토혈 등의 치료약으로 쓰며, 이삭은 지혈작용을 하여 토혈, 코피, 혈뇨, 혈변, 외상출혈 등에 약재로 쓴다.

예문

- 띠풀로 지붕을 만든 집은 부잣집이다.
- 띠풀의 어린 이삭을 그대로 씹어 단물을 빨아먹거나, 잘게 썰어 기름에 볶아 조리하기도 한다.

31일

섭리
攝 당길 섭, 理 다스릴 리

자연계를 지배하는 원리와 법칙

초등학교 6학년 교과서

'자연의 섭리'란?

자연의 섭리는 자연계를 지배하는 원리와 법칙입니다.
사람이 태어나면 죽고, 사계절이 존재하는 것,
물이 위에서 아래로 흐르는 것 등이 자연의 섭리입니다.

예문

· 겨울이 지나고 봄이 되면 꽃이 피는 자연의 섭리 앞에서 경이로움을
  금치 못했다.
· 나이가 들고 주름이 생기는 것은 자연의 섭리다.
· 우주의 섭리가 온 세상에 내려와 앉은 듯했다.
· 하늘의 섭리란 참으로 오묘하고 알 수 없는 노릇이었다.

1일

투박하다

생김새가 볼품없이 둔하고 튼튼하기만 하다.

〉 초등학교 6학년 교과서 〈

▶ **'투박하다'와 비슷한 말은?**

'투박하다'는 '말이나 행동 따위가 거칠고 세련되지 못하다'를
이르는 말이기도 한데, '거칠다'는 '일을 하는 태도나 솜씨가
찬찬하거나 야무지지 못하다'를, '둔하다'는 '생김새나 모습이 무겁고
투박하다'를 이르는 말입니다.

예문

- 세월이 남겨 놓은 깊은 주름살과 투박한 손을 보아라.
- 이 신라 토기는 투박하기는 하지만 현대적 감각이 살아 있다.
- 마이크의 잡음이 들리더니 투박한 안내인의 목소리가 들려왔다.
- 여인은 조금 전에 쓰던 투박한 사투리를 접어 두고 상냥하고 부드럽게
  말을 건네고 있었다.

2일

손사래

어떤 말이나 사실을 부인하거나
남에게 조용히 하라고 할 때 손을 펴서 휘젓는 일

초등학교 6학년 교과서

'손짓'이란? ▶

'손짓'은 '손을 놀려 어떤 사물을 가리키거나 자기의 생각을
남에게 전달하는 일'을 이르는 말입니다.

관용구 손사래(를) 치다 → 거절이나 부인을 하며 손을 펴서 함부로 허공을 휘젓다.

예문
- 목이 마르다고 손사랫짓까지 하시기에 물을 가지고 왔다.
- 경희는 다른 때에는 뻥긋뻥긋 잘 웃는데 사진만 찍으려 하면 잘 웃지도 않고 손사래를 친다.
- 만득이는 손사래까지 활활 치며 어림없는 소리 말라는 표정이었다.

3일

바지랑대

빨랫줄을 받치는 긴 막대기

〉 초등학교 6학년 교과서 〈

'바지랑대'와 관련된 속담은?

'바지랑대로 하늘 재기'는 '도저히 불가능한 일을 하려고
한다'는 것을 이르는 말입니다. '손가락으로 하늘 찌르기'와 같은 말입니다.

예문

- 바지랑대를 내려 빨랫줄을 눈언저리까지 낮췄다.
- 마당에서 술래잡기를 하다가 바지랑대를 차는 바람에 널어놓은 빨래가 다 떨어졌다.
- 능청거리는 바지랑대 위에는 참새가 한 마리 앉아 있다.
- 바지랑대가 바람에 흔들거리더니 결국 넘어지고 말았다.

4일

눈시울

눈언저리의 속눈썹이 난 곳

초등학교 6학년 교과서

'눈시울'과 관련된 관용구? ▶
'눈시울을 적시다'는 '사람이 어떤 일로 눈물을 흘리며
우는 것'을 이르는 말입니다.

예문

- 아버지가 돌아가셨다는 말에 눈시울이 화끈하여 눈물이 펑펑 쏟아졌다.
- 고맙다고 말하며 노인은 금세 눈시울을 적셨다.
- 아주머니의 고생담을 듣는 동안 우리는 코가 시큰하고 눈시울이 뜨거워
  졌다.
- 욱이의 푹 꺼진 눈시울에 눈물이 젖었다.
- 눈썹이 짙고 눈시울도 길고 짙었다.

5일

발이 넓다

아는 사람이 많아서 활동 범위가 넓다.

초등학교 6학년 교과서

'발이 넓다'와 비슷한 말은?

'낯이 넓다'와 '얼굴이 넓다'는 '아는 사람이 많거나 교제 관계가 넓다'를 뜻하는 말입니다.

예문

- 그는 발이 넓어서 아는 사람이 많다.
- 그녀는 발이 넓어서 어딜 가도 아는 사람을 자주 만난다.
- 나보다 발이 넓은 사람 있으면 나와 보라고 그래!

6일

쇠뿔도 단김에 빼라

어떤 일이든지 하려고 생각했으면
망설이지 말고 곧 행동으로 옮겨야 한다.

초등학교 6학년 교과서

'쇠뿔'과 관련된 속담은?

'쇠뿔도 단김에 빼라'는 '든든히 박힌 소의 뿔을 뽑으려면
불로 달구어 놓은 김에 해치워야 한다'는 뜻으로,
'어떤 일이든지 하려고 생각했으면 한창 열이 올랐을 때 망설이지 말고
곧 행동으로 옮겨야 함'을 비유적으로 이르는 속담입니다. '쇠뿔 잡다가
소 죽인다'는 '어떤 것 또는 어떤 사람의 결점이나 흠을 고치려다 그 정도가
지나쳐서 도리어 그 사물이나 사람을 망치는 경우'를 비유적으로 이르는
속담입니다. 같은 뜻의 사자성어로는 '소의 뿔을 바로잡으려다가
소를 죽인다'는 뜻을 지닌 '교각살우(矯角殺牛)'가 있습니다.

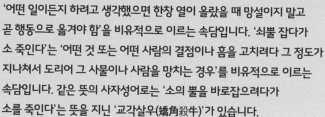

예문

· 쇠뿔도 단김에 빼라고, 지금 당장 숙제를 해야겠다.
· 그는 쇠뿔도 단김에 빼듯이 무슨 일이든 곧바로 해낸다.

7일

손이 크다

양을 많이 준비한다.

초등학교 6학년 교과서

'손이 크다'와 관련된 속담은?

'손이 크다'는 '씀씀이가 후하고 크다'를 뜻하는데, '살림하는 여자가 손이 크다'는 '살림하는 여자가 헤프게 살림하여 낭비를 많이 함'을 이르는 속담입니다.

예문

· 며느리 손이 커서 살림 망하겠노라 하면서도 떡시루에 칼질하는 시어머니 얼굴에 미소가 감돌았다.

· 식당 주인은 손이 커서 손님에게 음식을 후하게 내놓았다.

· 그는 손이 커서 주위에 선물을 자주 했다.

8일

손꼽아 기다리다

**기대에 차 있거나 안타까운 마음으로
날짜를 꼽으며 기다리다.**

초등학교 6학년 교과서

'손꼽다'의 뜻은?

'손꼽다'는 '손가락을 하나씩 고부리며 수를 헤아리다,
많은 가운데 다섯 손가락 안에 들 만큼 뛰어나다거나 그 수가 적다'를
이르는 말입니다. 비슷한 말로 '많은 것 가운데서 첫째가 되다'는
뜻을 지닌 '으뜸가다'가 있습니다.

예문

· 결혼 날짜를 손꼽아 기다리다.
· 그는 제대할 날을 손꼽아 기다렸다.
· 할아버지는 통일이 실현될 날을 손꼽아 기다리셨다.
· 우리는 소풍만을 손꼽아 기다린다.

9일

간이 크다

겁이 없고 매우 대담하다.

> 초등학교 6학년 교과서

'간(肝)'과 관련된 속담은?

'간이 콩알만해지다'는 '몹시 두려워지거나 무서워지다'를,
'벼룩의 간을 빼먹다'는 '하는 짓이 몹시 인색함'을 뜻하는 속담입니다.

예문

- 그는 보기보다 간이 크다.
- 학생 주제에 외제 차를 사는 데 돈을 없애다니 간도 크다.
- 간은 건강할 때 지켜야 한다.
- 간이 안 좋은 사람은 술을 삼가야 한다.

10일

깃발 아래

어떤 이름이나 주장, 의견 아래에 모이자는 뜻

> 초등학교 6학년 교과서

'깃발'은 어떤 뜻을 지녔을까?

'깃발'은 '깃대에 달린 천이나 종이로 된 부분'을 이르기도 하고,
'어떤 사상, 목적 따위를 뚜렷하게 내세우는 태도나 주장을
비유적으로 이르는 말'로도 쓰입니다.

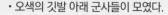

예문

- 오색의 깃발 아래 군사들이 모였다.
- 원래 저들과 우리는 똑같은 이상의 깃발 아래 출발했다.
- 사람이 곧 하늘이며 제폭구민한다는 깃발 아래 일어선 농민 전쟁이 만약 승리했더라면….
- 이 민족이 금세 한 깃발 아래 똘똘 뭉쳐 독립 국가로서 양양대해로 나아갔을 것 같습니까?

11일

가는 말이 고와야
오는 말이 곱다

내가 남에게 말이나 행동을 좋게 해야
남도 나에게 좋게 한다.

초등학교 6학년 교과서

'말'과 관련된 속담은?

'말 한마디에 천 냥 빚도 갚는다'는 '말만 잘하면 어려운 일이나
불가능해 보이는 일도 해결할 수 있다'는 속담이고, '말이 씨가 된다'는
'늘 말하던 것이 마침내 사실대로 되었을 때'를 이르는 속담입니다.

예문

• 가는 말이 고와야 오는 말이 곱듯이, 오는 말이 고와야 가는 말도 곱다.
• 가는 말이 고와야 오는 말이 곱다는데, 말 좀 가려서 해라.

12일

소 잃고 외양간 고친다

문제가 일어난 뒤에는 후회해도 소용없다.

> 초등학교 6학년 교과서

'잃은 것'과 관련된 속담은?

'잃은 사람이 죄가 많다'는 '무언가를 잃은 사람이 애매한 여러 사람을 의심하게 됨'을 이르는 속담이고, '잃은 도끼나 얻은 도끼나 일반'은 '잃은 헌 물건이나 얻은 새 물건이나 별 차이가 없음'을 이르는 속담입니다.
'잃은 도끼는 쇠가 좋거니'는 '지금의 새로운 물건이나 사람이 먼저의 물건이나 사람보다 못하여 아쉬움'을 비유적으로 이르는 속담입니다.

예문

• 화재가 난 뒤에 소화기를 설치하면 소 잃고 외양간 고치는 셈이다.

13일

공정 무역

公 공변될 공,
正 바를 정,
貿 바꿀 무,
易 바꿀 역

생산자의 노동에 정당한 대가를 지불하고 교역하는 무역

> 초등학교 6학년 교과서

'공정'의 동음이의어는?

'공정(公正)'은 '공평하고 올바름'을 이르는 말이고,
'공정(工程)'은 '일이 진척되는 과정이나 정도' 또는 '한 제품이
완성되기까지 거쳐야 하는 하나하나의 작업 단계'를 이르는 말입니다.

예문

- 그는 공정 무역 제품이 커피, 초콜릿, 설탕 등 일부 품목에만 한정되어 있다는 점을 한계로 지적했다.
- 그 가게에서는 제삼 세계 농민들과 공정 무역으로 들어온 질 좋은 커피를 합리적 가격에 판매한다.
- 공정 무역은 생산과 소비 양측 모두의 인간다움을 위한 무역 방식이다.
- 공정 무역과 마찬가지로 공정 여행도 점차 늘고 있다.

14일

단정적

斷 끊을 단,
定 정할 정,
的 과녁 적

딱 잘라서 판단하고 결정하는 것

초등학교 6학년 교과서

'단정적'인 표현은 삼가야 한다고?

어떤 일이든 사람이든 단정해서 판단해서는 안 됩니다.
그러니 '반드시', '절대로', '결코' 같은 단정적인 표현은 조심해서 써야 해요.

예문

· 그녀는 단정적으로 말하고 고개를 저었다.
· 그 신문은 확인되지 않은 사실을 단정적으로 보도했다.
· 근거가 없는 것은 아니지만 그런 단정적 주장은 위험하다.
· 단정적으로 말하기는 어렵지만 아마도 내 추측이 맞을 것이다.
· 나의 미래에 대하여 단정적인 평가는 내리지 마.

15일

모호하다

模 법 모,
糊 풀 호,
하다

말이나 태도가 흐리터분하여 분명하지 않다.

초등학교 6학년 교과서

'모호'한 표현은 삼가야 한다고?

모호한 표현을 사용하면 의미가 분명하지 않아서 의사소통이
어려워집니다. 그러니 모호한 표현은 쓰지 않는 것이 좋아요.

예문

· 문장이 모호하여 의미를 알 수 없다.
· 그는 모호하게 대답을 얼버무렸다.
· 그들은 이 사안에 대해 시종일관 긍정도 부정도 하지 않는 모호한 태
도를 보였다.
· 그의 표정은 너무 모호해서 기뻐하는 것인지 슬퍼하는 것인지 알 수가
없다.

비슷한 말

① 애매(曖昧) : 희미하여 분명하지 아니함.
② 불명확(不明確) : 명백하고 확실하지 아니함.

16일

주관 _{主 주인 주, 觀 볼 관}

자기만의 견해나 관점

초등학교 6학년 교과서

지나치게 주관적인 표현은 삼가야 한다고?

자신의 주관을 세우거나 주관이 뚜렷한 것은 바람직하지만
자신만의 생각이나 감정에 지나치게 치우치는 주관적인 표현을 사용하면
의사소통이 어려워집니다. 그러니 자신이 지나치게 주관적인 표현을
사용했는지 점검해 보세요.

반대말

객관적(客觀的) : 자기만의 관점에서 벗어나 제삼자의 입장에서 사물을
보거나 생각하는 것

예문

• 나는 객관적인 의견을 말하고 있는데 명욱은 주관적인 감상을 말하고
있다.
• 몽상가들의 주관적인 허구에 지나지 않는다는 느낌이었네.
• 이명준 동무는 전혀 자신의 주관적 상상에 기인하는 판단으로 트집을
잡으려고 한 것입니다.

17일

열 번 찍어
안 넘어가는 나무 없다

꾸준히 노력하면 결국 목표를 이룰 수 있다.

> 초등학교 6학년 교과서

'나무'와 관련된 속담은?

'나무 끝의 새 같다'는 '오래 머물러 있지 못할 위태로운 곳에 있음'을,
'나무도 쓸 만한 것이 먼저 베인다'는 '능력 있는 사람이 먼저 뽑혀 쓰임'을
이르는 속담입니다. '나무에서 고기를 찾는다'는 '물에서 사는 물고기를 산에서
구한다'는 뜻으로, '도저히 불가능한 일을 하려고 애쓰는 어리석음'을 비유적으로
이르는 속담입니다. 같은 뜻을 지닌 사자성어는 '연목구어(緣木求魚)'입니다.

예문

- 동네 사람들은 처음에는 반신반의하여 귓등으로 넘겼습니다마는 열 번 찍어 안 넘어가는 나무가 없다고, 나중에는 솔깃해서 듣고 말았습니다.
- 속담에 열 번 찍어 안 넘어가는 나무 없다고 순점이는 산전수전을 다 겪은 학성 어미 수단에 안 넘어갈 수가 없었다.

9월

18일

입만 아프다

애써 자꾸 얘기하는 말이 상대방에게
받아들여지지 않아 보람이 없다.

초등학교 6학년 교과서

'입'과 관련된 관용구는?

'입이 질다'는 '속된 말씨로 거리낌 없이 말을 함부로 하다'를,
'입에 달고 다니다'는 '말이나 이야기 따위를 습관처럼 되풀이하거나
자주 사용하다'를 이르는 말입니다.

예문

• 입만 아프게 아무리 공부하라고 말해 봤자 소용없다.

• 네가 그 사람과 말씸질해 봐야 네 입만 아플 거야.

19일

입을 모으다

모두 한결같이 말하다.

<초등학교 6학년 교과서>

'입을 모으다'와 비슷한 말은?

'이구동성(異口同聲)'은 '입은 다르나 목소리는 같다'는 뜻으로,
'여러 사람의 말이 한결같음'을 이르는 말입니다. '여출일구(如出一口)'는
'한 입에서 나오는 것처럼 여러 사람의 말이 같음'을 이르는 말입니다.

예문

· 모두 입을 모아 찬송을 높게 불렀다.
· 그들은 입을 모아 황제의 덕을 칭송하고 만세를 빌었다.
· 마누라의 지칠 줄 모르는 부지런은 동네 사람들의 입을 모으게 했다.
· 영애는 두 남녀의 입을 모은 총공격에 뒤로 넘겨 박힐 듯한 것을 억지
　로 버티었다.

20일

천 리 길도
한 걸음부터

무슨 일이든 그 일의 시작이 중요하다는 말

초등학교 6학년 교과서

'천 리'는 얼마큼일까? ▶

'천 리(千里)'는 '백 리의 열 배'라는 뜻으로,
'매우 먼 거리(1,000리=400㎞)'를 이르는 말입니다.

예문
- '천 리 길도 한 걸음부터'라고 시작이 중요하다.
- '천 리 길도 한 걸음부터'이니, 아무리 큰 일이라도 그 첫 시작은 작은 일부터 비롯된다.

21일

천하를 얻은 듯

매우 기쁘고 만족스러움을 비유적으로 이르는 말

초등학교 6학년 교과서

'천하'와 비슷한 말은?

'천하(天下)'는 '하늘 아래 온 세상' 또는 '한 나라 전체'를 이르는 말입니다. 천하와 비슷한 말로는 '온 천하'를 뜻하는 '만천하(滿天下)'가 있습니다.

예문

- 일을 끝내자 천하를 얻은 듯 기뻤다.
- 천하를 얻은 듯 기세가 등등했다.
- 자식을 낳자 천하를 얻은 듯 기뻤다.

22일

코 묻은 돈

어린아이가 가지고 있는 적은 돈

초등학교 6학년 교과서

'코 묻은 돈'과 관련된 속담은?

'코 묻은 돈[떡]이라도 뺏어 먹겠다'는 '하는 행동이 너무나 치사하고 마음에 거슬리는 경우'를 비꼬는 경우에 쓰는 속담입니다.

예문

- 돈이 많다 하니 듣기는 좋다마는 그까짓 코 묻은 돈 몇 푼, 가소롭다 가소로워.
- 학교 앞에 문구점을 차려서 아이들 코 묻은 돈이라도 긁어모으든 지….
- 조무래기들의 호주머니에서 코 묻은 돈을 알겨내려고 갖은 아첨과 수단을 다 부리는 형의 모습은 참으로 측은하기 짝이 없었다.

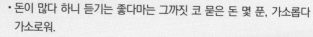

23일

코가 꿰이다

약점이 잡히다.

초등학교 6학년 교과서

'코'와 관련된 관용구는?

'코가 납작해지다'는 '몹시 무안을 당하거나 기가 죽어 위신이 뚝 떨어지다'를, '코를 세우다'는 '위신이나 기세 따위를 돋우다'를, '코가 땅에 닿다'는 '머리를 깊이 숙이다'를, '코(를) 빠뜨리다'는 '못 쓰게 만들거나 일을 망치다'를 이르는 말입니다.

예문

• 그는 옆 사람에게 무슨 코가 꿰이었는지 꼼짝도 못 한다.

• 나는 그 친구에게 코가 꿰여서 아무 말도 하지 못했다.

24일

코가 높다

잘난 체하고 뽐내는 기세가 있다.

> 초등학교 6학년 교과서

'콧대'와 관련된 관용구는?

'콧대'는 '콧등의 우뚝한 줄기'를 뜻하는데, '우쭐하고 거만한 태도'를 비유적으로 이르는 말입니다. '콧대(를) 낮추다'는 '자신의 자만심이나 자존심을 한풀 꺾다'를, '콧대(가) 세다'는 '자존심이 강하여 상대에게 굽히지 않다'를, '콧대를 꺾다[누르다]'는 '상대방의 자만심이나 자존심을 꺾어 기를 죽이다'를 이르는 말입니다.

예문

- 그녀는 코가 높아서 네가 상대하기 쉽지 않겠구나.
- 그는 코가 높아서 잘난 체만 한다.

25일

하나를 보고 열을 안다

지극히 총명함을 이르는 말

초등학교 6학년 교과서

'하나를 보고 열을 안다'와 같은 뜻의 사자성어는?

'문일지십(聞一知十)'은 '하나를 듣고 열 가지를 미루어 안다'는
뜻으로, '매우 총명함'을 이르는 말입니다.
이 사자성어는 ≪논어≫의 <공야장편(公冶長篇)>에 나옵니다.

예문

· 그 아이는 하나를 보면 열을 안다.
· 영매한 아이는 하나를 보면 열을 안다.
· 그녀는 응용력이 뛰어나서 하나를 알려 주면 열을 안다.

26일

하나만 알고 둘은 모른다

사물의 한 측면만 보고 두루 보지 못한다.

초등학교 6학년 교과서

'지혜(智慧)'와 관련된 속담은?

'알아야 면장을 하지'는 '어떤 일이든 그 일을 하려면 그것에 관련된 학식이나 실력을 갖추고 있어야 함'을 비유적으로 이르는 속담입니다. '낫 놓고 기역 자도 모른다'는 '기역 자 모양으로 생긴 낫을 놓고도 기역 자를 모른다'는 뜻으로, '사람이 글자를 모르거나 아주 무식함'을 비유적으로 이르는 속담입니다.

예문

- 하나만 알고 둘은 모른다고, 너는 도무지 융통성이 없구나.
- 너는 하나만 알고 둘은 몰라서 문제야.

27일

벼 이삭은 익을수록 고개를 숙인다

교양이 있고 수양을 쌓은 사람일수록
남 앞에서 자기를 내세우려 하지 않는다.

초등학교 6학년 교과서

'이삭'과 비슷한 말은?

'이삭'은 '벼, 보리 따위 곡식에서, 꽃이 피고 꽃대의 끝에
열매가 더부룩하게 많이 열리는 부분' 또는 '곡식이나 과일, 나물 따위를
거둘 때 흘렸거나 빠뜨린 낟알'을 이르는 말입니다. '이삭'과 비슷한 말은
곡식알과 알갱이 등이 있습니다.

예문
- 벼 이삭은 익을수록 고개를 숙인다고, 너는 정말 겸손하구나.
- 벼 이삭은 익을수록 고개를 숙인다는데, 잘난 체 좀 하지 말거라.

28일

불난 집에 부채질한다

남의 재앙을 더욱 커지게 만드는 것을 비유적으로 이르는 말

초등학교 6학년 교과서

'불'과 관련된 속담은?

'불난 데서 불이야 한다'는 '잘못을 저지른 사람이 그것을 가리기 위하여 남보다 먼저 떠들어 대는 경우'를, '불난 끝은 있어도 물 난 끝은 없다'는 '불이 나면 타다 남은 물건이라도 있으나 수재(水災)를 당하여 물에 씻겨 내려가 버리면 아무것도 남지 않음'을 비유적으로 이르는 속담입니다.

예문

• 불난 집에 부채질한다고, 남의 재앙을 더욱 커지게 만드는구나.

• 끓는 국에 국자 휘젓는 것은, 불난 집에 부채질하는 것과 같다.

9월

29일

손바닥으로 하늘 가리기

불리한 상황에 대하여 임기응변식으로 대처함을 이르는 말

초등학교 6학년 교과서

'손바닥'과 관련된 관용구는?

'손바닥(을) 뒤집듯'은 '태도를 갑자기 또는 노골적으로
바꾸기를 아주 쉽게 하는 것'을, '손바닥을 맞추다'는 '뜻을 같이하다'를
이르는 말입니다. '손바닥에 장을 지지겠다'는 '상대편이 어떤 일을 하는 것에
대하여 도저히 할 수가 없을 것이라고 장담할 때' 쓰는 말입니다.

예문

- 손바닥으로 하늘을 가려 봐야 네 눈에 보이는 하늘만 가리는 셈이야.
- 손바닥으로 하늘을 가리지 말고 근본적인 문제를 해결해야 해.

9월

30일

아니 땐 굴뚝에 연기 날까

원인이 없으면 결과가 있을 수 없음을 비유적으로 이르는 말

초등학교 6학년 교과서

'굴뚝'과 관련된 관용구는?

'굴뚝'은 '불을 땔 때에, 연기가 밖으로 빠져나가도록 만든 구조물'입니다. '마음이 굴뚝 같다'는 '무엇을 간절히 하고 싶거나 원하다'를 이르는 말입니다.

예문

- '아닌 땐 굴뚝에 연기 날까'라는 말이 있듯이, 성적이 오르려면 열심히 공부해야겠지?
- 시험 공부를 하나도 안 했는데, 아니 땐 굴뚝에 연기 나길 바라면 안 되지.

1일

애간장을 태우다

애, 肝 간 간, 腸 창자 장

속을 태우는 듯 몹시 걱정을 끼치다.

초등학교 6학년 교과서

'애간장'과 관련된 관용구는?

'애간장을 녹이다'는 '간장을 녹이다'를, '애간장(이) 마르다'는
'간장이 마르다'를 강조하여 이르는 말입니다. 참고로 '애'는 '간장'을
강조하기 위해 붙인 말입니다.

예문

· 애간장을 태우며 같은 궁리를 하고 또 했다.
· 남정네들은 그녀의 가냘픈 맵시와 박속 같은 살결을 살짝 곁눈질하면
  서 남몰래 애간장을 태웠다.
· 그동안 형님의 소식을 몰라 식구들이 무척 애간장을 태웠다.

2일

누워서 떡 먹기

하기가 매우 쉬운 것을 비유적으로 이르는 말

초등학교 6학년 교과서

'누워서 침 뱉기'는 어떤 속담?

'누워서 침 뱉기'는 '남을 해치려고 하다가 도리어 자기가 해를
입게 된다는 것'을 비유적으로 이르는 속담입니다.
'하늘을 향하여 침을 뱉어 보아야 자기 얼굴에 떨어진다'는 뜻으로,
'자기에게 해가 돌아올 짓을 하는 것'을 비유적으로 이르는 말입니다.

예문

- 그녀는 아무리 어려운 일일지라도 누워서 떡 먹듯이 쉽게 한다.
- 누가 하든지 상답이니까 농사짓기야 누워서 떡 먹기고….
- 이삼 년만 추수한 나락을 굴리면 백 섬지기, 백오십 섬지기는 누워서
  떡 먹기지.

3일

눈에 띄다

두드러지게 드러나다.

초등학교 6학년 교과서

'눈 가리고 아웅하다'는 어떤 속담?

'눈 가리고 아웅하다'는 '얕은수로 남을 속이려 한다'는 뜻의 속담입니다. '보람도 없을 일을 공연히 형식적으로 하는 체하며 부질없는 짓을 함'을 비유적으로 이르는 말입니다.

눈과 관련된 관용구

① 눈에 밟히다 → 잊히지 않고 자꾸 눈에 떠오르다.
② 눈(을) 붙이다 → 잠을 자다.
③ 눈에 불을 켜다 → 몹시 욕심을 내거나 관심을 기울이다.
④ 눈(이) 맞다 → 두 사람의 마음이나 눈치가 서로 통하다.

예문

• 실수가 눈에 띄게 확 줄어들었다.
• 성적이 눈에 띄게 좋아졌구나.

4일

눈이 높다

정도 이상의 좋은 것만 찾는 버릇이 있다.

초등학교 6학년 교과서

'눈이 높다'와 비슷한 말은?

'안목(眼目)이 높다'는 '눈이 높다'와 같은 말입니다.
'안목(眼目)'은 '사물을 보고 분별하는 견식'을 이르는 말입니다.

예문
- 내 친구는 물건을 고르는 눈이 높다.
- 이 집의 가구와 집기 등을 보니, 집주인의 눈이 높은 것 같습니다.

5일

마른하늘에 날벼락

뜻하지 않은 상황에서 당하게 된 큰 재난을 비유적으로 이르는 말

초등학교 6학년 교과서

'마른하늘에 날벼락'과 같은 뜻의 사자성어는?

'마른하늘'은 '맑은 하늘'과 같은 말입니다. '마른하늘에 날벼락'과 같은 뜻의 사자성어는 '청천벽력(青天霹靂)'입니다. '맑게 갠 하늘에서 치는 날벼락'이라는 뜻으로, '뜻밖에 일어난 큰 변고나 사건'을 비유적으로 이르는 말입니다.

예문

- 이게 무슨 마른하늘에 날벼락 같은 소리냐!
- 마른하늘에 날벼락도 유분수지. 내 아들이 죽다니!
- 딸이 사고를 당했다는 마른하늘에 날벼락 같은 소문을 들었다.

6일

말 한마디에 천 냥 빚도 갚는다

말만 잘하면 어려운 일이나 불가능해 보이는 일도 해결할 수 있다.

> 초등학교 6학년 교과서

'말'과 관련된 속담은?

'말이 씨가 된다'는 '늘 말하던 것이 마침내 사실대로 되었을 때'를, '말도 안 되다'는 '실현 가능성이 없거나 이치에 맞지 않다'를 이르는 말입니다. '말 안 하면 귀신도 모른다'는 '마음속으로만 애태울 것이 아니라 시원스럽게 말을 하여야 한다'는 말입니다.

예문

- 말 한마디에 천 냥 빚도 갚는다고, 말을 함부로 해서는 안 된다.
- 고려의 외교가 서희는 거란의 소손녕과 담판하고 유리한 강화를 맺었는데, 말 한마디에 천 냥 빚도 갚은 셈이다.

7일

머리를 맞대다

어떤 일을 의논하거나 결정하기 위하여 서로 마주 대하다.

초등학교 6학년 교과서

'머리'와 관련된 관용구는?

'머리(가) 세다'는 '복잡하거나 안타까운 일에 너무 골몰하거나 걱정하다'를, '머리(를) 굴리다'는 '머리를 써서 해결 방안을 생각해 내다'를, '머리(를) 얹다'는 '여자가 시집을 가다'를, '머리(가) 굳다'는 '사고방식이나 사상 따위가 완고하다'를, '머리(를) 숙이다'는 '굴복하거나 저자세를 보이다'를 이르는 말입니다.

예문

• 우리는 머리를 맞대고 조별 과제를 열심히 했다.
• 머리를 맞대고 경기에서 이길 방법을 찾으려 했다.

8일

물 쓰듯 하다

마구 헤프게 쓰다.

초등학교 6학년 교과서

'물'과 관련된 속담은?

'윗물이 맑아야 아랫물도 맑다'는 '윗사람의 행동을 아랫사람이
본받는다'는 의미로, '윗물이 흐리고 탁하면 아랫물도 깨끗하지
않는다'는 것을 이르는 속담입니다. '흐르는 물은 썩지 않는다'는 '물이 흐르지
않고 고여 있으면 썩는 것처럼, 사람도 현재에 만족하고 머무르면 안 되고,
부지런히 자신을 단련해야 한다'는 의미의 속담입니다.

예문

• 돈을 물 쓰듯 하더니 졸지에 밥걱정하는 처지가 되었다.
• 하루아침에 부자가 된 그는 허영에 사로잡혀 돈을 물 쓰듯 하였다.
• 돈을 물 쓰듯 하는 천하장사 이정재도 정양원에는 당해 내지 못했다는
  것이었다.

9일

발 벗고 나서다

적극적으로 나서다.

초등학교 6학년 교과서

'발'과 관련된 관용구는?

'발(을) 구르다'는 '매우 안타까워하거나 다급해하다'를,
'발(이) 빠르다'는 '알맞은 조치를 신속히 취하다'를,
'발(을) 빼다[씻다]'는 '어떤 일에서 관계를 완전히 끊고 물러나다'를
이르는 말입니다.

예문

- 그는 자기 일마냥 발 벗고 나섰다.
- 학급의 문제에 발 벗고 나섰다.
- 한 친구의 부모님이 교통사고를 당하셔서 긴급 수혈이 필요하다고 하자 반 친구들이 발 벗고 나섰다.

10일

간 떨어지다

순간적으로 몹시 놀라다.

> 초등학교 6학년 교과서

'간'과 관련된 관용구는?

'간에 기별도 안 가다'는 '먹은 것이 너무 적어 먹으나 마나 하다'를,
'간이 녹다'는 '무엇이 마음에 들어 정도 이상으로 흐뭇함을 느끼다'를,
'간을 녹이다'는 '아양 따위로 상대편의 환심을 사다'를, '간이 떨리다'는
'마음속으로 몹시 겁이 나다'를 이르는 말입니다.

예문

· 자동차가 내 앞에서 급정차해서 간 떨어지는 줄 알았다.
· 유령의 집에 들어갔더니 간 떨어지는 줄 알았다.

11일

공든 탑이 무너지랴

정성을 다하여 한 일은 그 결과가 반드시 헛되지 않다는 것을 이르는 말

초등학교 6학년 교과서

'공든 탑'과 관련된 속담은?

'개미구멍으로 공든 탑 무너진다'는 '조그마한 실수나 방심으로 큰일을 망쳐 버린다'를 이르는 속담입니다.

예문

- 공든 탑이 허무하게 무너졌다.
- 공든 탑이 무너진다더니 지금 우리 상황이 딱 그 짝이구나.
- 그렇게 애쓴 공든 탑이 무너지리라고는 아무도 몰랐다.

12일

구슬이 서 말이라도 꿰어야 보배

아무리 훌륭하고 좋은 것이라도 다듬고 정리하여 쓸모 있게 만들어야 값어치가 있음을 비유적으로 이르는 말

초등학교 6학년 교과서

'구슬'과 관련된 속담은?

'구슬 없는 용'은 '쓸모없고 보람 없게 된 처지'를 비유적으로 이르는 속담입니다.

예문

- 구슬이 서 말이라도 꿰어야 보배라고, 보석 원석을 가공하지 않으면 소용없다.
- 구슬이 서 말이라도 꿰어야 보배라는데, 머리가 아무리 좋더라도 공부하지 않으면 성적이 오르기 힘들지.

13일

귀가 따갑다

너무 여러 번 들어서 듣기가 싫다.

초등학교 6학년 교과서

'마이동풍'은 어떤 말일까?

'마이동풍(馬耳東風)'은 '동풍이 말의 귀를 스쳐 간다'는 뜻으로,
'남의 말을 귀담아듣지 않고 지나쳐 흘려버림'을 이르는 사자성어입니다.
'우이독경(牛耳讀經)'은 '쇠귀에 경 읽기'라는 뜻으로, '아무리 가르치고
일러 주어도 알아듣지 못함'을 이르는 사자성어입니다.

예문

- 비가 오면 개굴개굴 우는 개구리 소리에 귀가 따갑다.
- 추석을 맞는 우리의 선물 치레가 도를 벗어나고 있다는 비판의 목소리로 귀가 따갑다.

14일

귀에 익다

어떤 말이나 소리를 자주 들어 버릇이 되다.

초등학교 6학년 교과서

'귀'와 관련된 관용구는?

'귀(가) 질기다'는 '둔하여 남의 말을 잘 이해하지 못하다'를,
'귀가 열리다'는 '세상 물정을 알게 되다'를, '귀에 딱지가 앉다'는 '귀에 못이
박히다'와 같은 말로 '같은 말을 여러 번 듣다'를, '귀(를) 기울이다'는
'남의 이야기나 의견에 관심을 가지고 주의를 모으다'를 이르는 말입니다.

예문

· 순간 왕은 귀에 익은 목소리를 듣고는 정신이 번쩍 났다.
· 얼굴은 아무리 뜯어봐도 낯설었고, 이름도 귀에 익은 것은 결코 아니었다.
· 화면 속 가득히 클로즈업되어 나오는 얼굴이 어째 낯이 익고 목소리도 귀에 익었다.
· 춘경이는 자기 남편이 문학 애호자이니만치 이러한 사람들의 이름은 귀에 익은 터이라….

15일

까마귀 날자 배 떨어진다

아무 관계 없이 한 일이 공교롭게도
의심을 받게 됨을 비유적으로 이르는 말

초등학교 6학년 교과서

'까마귀 날자 배 떨어지다'와 같은 뜻의 사자성어는?

'오비이락(烏飛梨落)'은 '까마귀 날자 배 떨어진다'는 뜻으로,
'아무 관계도 없이 한 일이 공교롭게도 억울하게 의심을 받게 됨'을
이르는 사자성어입니다.

예문

- 까마귀 날자 배 떨어진다고, 하필 조카아이가 집을 나간 것이 어제여
서 혐의를 둔 모양일세.
- 그는 기업의 사장직을 그만두면서 국세청의 고위 인사로 가게 되었는
데 많은 사람들에게는 '까마귀 날자 배 떨어진다'로 보였다.

16일

꼬리가 길다

'못된 짓을 오래 두고 계속하다' 또는
'방문을 닫지 않고 드나들다'를 이르는 말

초등학교 6학년 교과서

'꼬리'와 관련된 관용구는?

'꼬리를 빼다'는 '달아나거나 도망치다'를, '꼬리를 밟다'는
'뒤를 밟다'를, '꼬리를 맞물다'는 '앞뒤로 서로 이어 닿다'를,
'꼬리(를) 흔들다'는 '잘 보이려고 아양을 떨다'를, '꼬리가 드러나다'는
'정체가 알려지거나 밝혀지다'를 이르는 관용구입니다.

예문

• 꼬리가 길면 밟히는 법이니, 나쁜 짓을 계속해서는 안 된다.
• 꼬리가 길어서 방문을 계속 닫지 않고 다니니?

17일

낫 놓고 기역 자도 모른다

'사람이 글자를 모르거나 아주 무식함'을
비유적으로 이르는 말

초등학교 6학년 교과서

'낫'은 무엇일까?

낫은 곡식, 나무, 풀 따위를 베는 데 쓰는 농기구입니다.
ㄱ자 모양으로 만들어 안쪽으로 날을 내고,
뒤 끝 슴베에 나무 자루를 박아 만듭니다.

예문

- 낫 놓고 기역 자도 모른다고, 기본 상식도 모르는 무식한 사람이구나.
- 영어를 배웠는데도 알파벳도 모르는구나. 낫 놓고 기역 자도 모르는구나.

18일

낮말은 새가 듣고 밤말은 쥐가 듣는다

아무리 비밀히 한 말이라도 반드시 남의 귀에 들어가게 된다는 말

초등학교 6학년 교과서

'말조심'과 관련된 속담은?

'말이 씨가 된다'는 '말을 조심해서 해야 한다'는 뜻으로, '말한 것이 실제로 이루어질 수 있음'을 의미하는 속담입니다. '발 없는 말이 천리 간다'는 '말은 빨리 퍼진다'를, '가루는 칠수록 고와지고 말은 할수록 거칠어진다'는 '말을 많이 하면 할수록 실수가 많아짐'을 이르는 속담입니다.

예문

- 낮말은 새가 듣고 밤말은 쥐가 듣는다고 그 이야기도 결국 알려지고 말 거야.
- 낮말은 새가 듣고 밤말은 쥐가 듣는다고 말은 경솔하게 하지 않는 게 좋아.
- 낮말은 새가 듣고 밤말은 쥐가 듣는다는 말이 과연 빈말은 아닌 듯하다.

19일

새문

새, 門 문 문

'돈의문' 또는 '서대문'의 다른 이름

초등학교 6학년 교과서

한양의 '사대문(四大門)'은?

새문은 조선 시대에 건립한 한양 도성의 서쪽 정문으로 사대문의 하나입니다. '사대문(四大門)'은 조선 시대에 서울에 있던 네 대문으로, 동쪽의 흥인지문(동대문), 서쪽의 돈의문(서대문), 남쪽의 숭례문(남대문), 북쪽의 숙정문(북대문)을 이르는 말입니다.

예문

· 당시 우리 집은 새문 밖 현저동에 있었다.
· 새문 밖 감옥에서 도주한 죄수 중 일 명이 북한산 등지에서 순사에게 잡혔는데….

20일

관점

觀 볼 관, 點 점 점

사물이나 현상을 관찰할 때 그 사람이 바라보는 태도나 방향 또는 처지

초등학교 6학년 교과서

'관점'과 비슷한 말은?

'각도(角度)'는 '생각의 방향이나 관점'을, '견지(見地)'는

'어떤 사물을 판단하거나 관찰하는 입장'을,

'시각(視角)'은 '사물을 관찰하고 파악하는 기본적인 자세'를 이르는 말입니다.

예문

- 작가는 그 대상을 어떤 관점으로 보았는가?
- 인간에 대한 개념 규정은 관점에 따라 다양하다.
- 그들은 한 가지 사물을 서로 다른 관점에서 바라보았다.
- 우리 문화에 대한 장기적인 관점에서는 전면적인 일본 문화의 수입이 불가 피하다.

21일

홍익인간

弘 넓은 홍,
益 더할 익,
人 사람 인,
間 틈 간

널리 인간을 이롭게 함.

초등학교 6학년 교과서

'홍익인간'이란?

홍익인간은 단군의 건국 이념으로서 우리나라 정치, 교육,
문화의 최고 이념입니다. ≪삼국유사≫ 고조선 건국 신화에 나옵니다.

예문

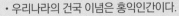

- 우리나라의 건국 이념은 홍익인간이다.
- 5천 년을 내려오는 동안 홍익인간, 무위자연의 섭리에 맞게 발전하여
  그 맥이 이어져 왔는데…
- 홍익인간(弘益人間)은 단국 이래 사천 년 동안 이어진 건국 이념이다.
- 홍익인간과 재세이화(在世理化)야말로 한국 사상의 가장 근본적인 특
  징이라고 할 수 있다.

22일

로봇세 robot tax

로봇이 노동으로 생산하는 경제적 가치에 부과하는 세금

초등학교 6학년 교과서

'로봇세'란?

로봇세는 로봇 도입으로 인해 많은 일자리가 사라지기 시작해 만들어졌습니다. 로봇세 도입을 찬성하는 측은 4차 산업혁명으로 인해 로봇과 인공지능이 인간의 일자리를 위협하니, 노동의 주체인 로봇을 소유한 사람 혹은 법인에 생산에 따른 세금을 부과하여 실업자의 기본소득을 보장해야 한다고 주장합니다. 반면에 반대하는 측은 로봇의 범위를 어디까지 설정해야 할지에 대한 경계가 모호하고 과도한 규제로 기술 발전을 저해할 수 있다고 주장합니다.

예문

- 국내에서의 로봇세 논의도 활발하다.
- 한국은 세계에서 로봇 도입이 가장 빠르게 이루어지고 있는 국가 중 하나로, 로봇세에 대한 찬반 논쟁이 뜨거워지고 있다.
- 로봇의 도입이 고령화와 저출산으로 인한 노동력 부족의 해결책이 될 수 있어, 로봇세의 도입을 해서는 안 된다.

23일

열하일기

熱 더울 열,
河 강 하,
日 해 일,
記 기록할 기

조선 후기 실학자 연암 박지원이 중국에 다녀와서 쓴 여행기

초등학교 6학년 교과서

'열하일기'란?

『열하일기』는 조선 후기 실학자 박지원이 청나라에 다녀온 후에
작성한 견문록입니다. 1780년(정조 4년) 청나라 건륭제의 칠순연을 축하하기
위해 연경과 황제의 피서지 열하를 여행하고 돌아와 작성했습니다.
청나라의 북중국과 남만주 일대를 견문하고 그곳 문인·명사들과의 교류 및
문물제도를 자세하게 기록한 일기입니다.

예문

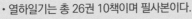

- 열하일기는 총 26권 10책이며 필사본이다.
- 열하일기에는 북학에 대한 주장이 두드러지게 나타나 있다.
- 열하일기의 저자 박지원은 기묘한 문장력으로 여러 방면에 걸쳐 당시
  의 사회 문제를 신랄하게 풍자했다.
- 열하일기는 조선 후기 문학과 사상을 대표하는 걸작으로 꼽힌다.

24일

장상

將 장차 장, 相 서로 상

장수와 재상을 아울러 이르는 말

⟨ 초등학교 6학년 교과서 ⟩

'왕후장상'이란?

'왕후장상(王侯將相)'이란 제왕·제후·장수·재상을 아울러
이르는 말입니다. '왕후장상이 씨가 있나'는 '높은 자리에 오르는 것은
가문이나 혈통 따위에 따른 것이 아니라 자신의 능력에 따른 것임'을
이르는 속담입니다.

예문

- 황제는 물론 장상과 대신 등 모든 관원과 백성이 머리를 깎았다.
- 그는 막대한 재산을 손에 넣어 장상 부럽지 않은 호화로운 생활을 했다.
- 장상의 집안에 금지옥엽 귀한 따님 구슬 같은 뱃속이나….

10월

25일

식경
食 밥 식, 頃 밥 넓이 단위 경

밥을 먹을 동안이라는 뜻으로, 잠깐 동안을 이르는 말

초등학교 6학년 교과서

'시간'과 관련된 한자어는?

'명일(明日)'은 '내일'을, '금일(今日)'은 '오늘'을 의미하는
한자어입니다. '전일(前日)'은 '전날 또는 하루 전'을, '명후일(明後日)'은
'모레'를 의미하는 한자어입니다. '후일(後日)'은 '나중 날'을 의미합니다.

예문

- 한 식경 같은 시간이 지나갔다.
- 한 식경쯤 지났을까, 도적은 다시 나타난다.
- 금방 온다던 사람이 서너 식경이 되어서야 왔다.
- 그 산 너머를 향해 나그네는 혼자 밤길을 걸은 지가 여러 식경이다.

26일

착한 사마리아인의 법

착한 Samaria人의 法

위험에 처한 사람을 돕지 않으면 처벌할 수 있는 법

> 초등학교 6학년 교과서

'착한 사마리아인의 법'이란?

착한 사마리아인의 법은 성서에 나오는 착한 사마리아인의 비유에서 유래되었습니다. 어떤 유대인이 강도를 만나 상처를 입고 길가에 버려졌는데, 동족인 유대인 제사장과 레위인은 못 본 척 지나가 버렸습니다. 그런데 유대인에게 멸시받던 사마리아인이, 그를 보고 측은한 마음에서 구조해 주었습니다. 사회적으로 멸시받고 소외받던 사람이, 사회적으로 혜택을 받은 사람도 하지 못한 일을 한 이 일화에 착안해 착한 사마리아인의 법이 만들어지게 되었습니다.

예문

- 착한 사마리아인의 법은 자신에게 특별한 위험이 발생하지 않는 데에도 불구하고 곤경에 처한 사람을 구해 주지 않은 행위를 처벌하는 법이다.
- 착한 사마리아인의 법의 관점에서 이 문제를 본다면 이 제도는 인간을 비윤리화하고, 부도덕화하는 것으로 볼 수 있다.

27일

기후변화협약

氣 기운 기, 候 물을 후, 變 변할 변, 化 될 화, 協 도울 협, 約 맺을 약

지구 온난화를 막으려고 여러 나라가 체결한 협약

초등학교 6학년 교과서

'기후변화협약'이란?

기후변화협약은 온실가스에 의해 벌어지는 지구 온난화를 줄이기 위한 국제 협약입니다. 1992년 5월 브라질 리우데자네이루에서 열린 INC회의에서 기후변화협약을 처음 채택하였습니다.
기후변화협약은 선진국들이 이산화 탄소를 비롯한 각종 온실가스의 방출을 제한하고 지구 온난화를 막는 게 주요 목적입니다.

예문

- 대한민국은 1993년 12월, 기후변화협약에 가입했다.
- 기후변화협약은 각국의 온실가스 배출에 대한 어떤 제약을 가하거나 강제성을 띠고 있지는 않다는 점에서 법적 구속력은 없다.
- 기후변화협약은 시행령에 해당하는 의정서를 통해 의무적인 배출량 제한을 규정하고 있다.

28일

과장

誇 자랑할 과, 張 넓힐 장

사실보다 지나치게 불려서 나타냄.

> 초등학교 6학년 교과서

'과장'된 표현에 대해 알아볼까? ▶

과장된 표현을 할 때 쓰는 말로는 '무조건', '절대로', '최고', '100퍼센트' 등이 있습니다. 생산자가 과장된 표현을 사용하면 소비자의 판단력을 흐리게 합니다.

예문
- 과장 광고를 해서는 안 된다.
- 그의 말은 과장 없이 있는 그대로의 사실이다.
- 거북이가 오래 사는 동물인 것은 사실이지만 천 년 이상을 산다는 것은 지나친 과장이다.

비슷한 말
과대(過大) : 정도가 지나치게 큼.

29일

과장 광고

誇 자랑할 과,
張 넓힐 장,
廣 넓을 광,
告 알릴 고

상품이 잘 팔리게 하려고 상품 기능을 실제보다 부풀리는 광고

> 초등학교 6학년 교과서

'과장 광고'란? ▶

과장 광고는 상품이나 서비스에 대한 정보를 사실보다 부풀려
소비자에게 알리는 광고입니다. 과장 광고에 속지 말아야 합니다.

예문

- 속없는 소비자들은 과장 광고에 현혹되기 쉽다.
- 경쟁사 사이의 과장 광고는 지양되어야 한다.
- 과장 광고의 남발로 소비자들의 피해 사례가 늘고 있다.
- 기업과 광고사들은 허위, 과장 광고로 소비자를 기만하는 행위를 일삼고 있다.
- 공정 거래 위원회가 그 업체에게 허위 과장 광고에 대한 사과문을 주요 일간지에 게재하라고 명령했다.

30일

허위 광고

虛 빌 허,
僞 거짓 위,
廣 넓을 광,
告 알릴 고

있지도 않은 상품 기능을 있는 것처럼 설명하는 광고

초등학교 6학년 교과서

'허위 광고'란?

허위 광고는 상품이나 서비스에 대하여 진실이 아닌 정보를
진실인 것처럼 꾸며서 소비자에게 널리 알리는 의도적인 광고입니다.

예문

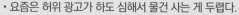

- 요즘은 허위 광고가 하도 심해서 물건 사는 게 두렵다.
- 과장된 허위 광고로 소비자들을 현혹시키는 광고들이 넘쳐나고 있다.
- 바람직하지 못한 소비문화를 조장하는 허위 광고는 규제되어야 한다.
- 업체들의 과장 및 허위 광고와 외국어 남용 광고가 여전히 성행하고 있다.

1일

뉴스 news

새로운 소식을 전하여 주는 방송의 프로그램

초등학교 6학년 교과서

'뉴스'와 관련된 말은?

'가짜 뉴스(Fake News)'는 '사실이 아닌 것을
사실인 것처럼 꾸미는 것'을, '속보(速報)'는 '빨리 알리는 보도'를
이르는 말입니다.

예문

- 곧이어 9시 뉴스가 방송됩니다.
- 지금 막 들어온 뉴스를 보내 드리겠습니다.
- 뉴스 속보 때문에 정규 프로그램을 결방했다.
- 제가 좋은 뉴스 하나 전해 드리겠습니다.
- 라디오에서는 뉴스를 전하는 아나운서의 목소리가 흘러나오고 있었다.

2일

타당성

妥 온당할 타,
當 당할 당,
性 성질 성

어떤 판단이 가치가 있다고 인식되는 일

초등학교 6학년 교과서

뉴스의 '타당성'을 살피려면?

뉴스의 타당성을 살피려면 가치 있고 중요한 내용을 다룬
뉴스인지, 그 뉴스에 대한 근거가 적절한지를 판단해야 해요.

반대말

부당성(不當性) : 이치에 맞지 않는 성질
[예] 지역 주민과 환경 단체들은 골프장 개발의 부당성을 지적하였다.

예문

- 그 주장의 타당성이 의심스럽다.
- 논리가 갑자기 비약하는 바람에 그의 주장은 타당성을 잃었다.
- 자신이 주장하는 사상을 세계로 뻗게 하려면 합리성과 타당성을 획득해야 한다.
- 그는 말도 안 되는 논리로 자기 행동의 타당성을 주장해 듣는 이들에게 실망감을 주었다.

3일

입양

入 들 입, 養 기를 양

양자로 들어감. 또는 양자를 들임.

초등학교 6학년 교과서

'입양'과 비슷한 말은?

'입후(入後)'는 '양자로 들어감' 또는 '양자를 들임'을
이르는 말입니다. '솔양(率養)'은 '양자로 데려옴'을,
'양사(養嗣)'는 '양자를 들임'을 뜻하는 말입니다.

예문

- 그 부부는 아이가 둘이나 있으면서도 간절하게 입양을 원했다.
- 그들 부부는 늘그막에 입양을 들여서 아이 재롱에 시간 가는 줄 모르
  고 지낸다.
- 그는 세 살 때 미국으로 입양되었다.
- 정당한 절차를 거쳐 입양하거나 파양할 수 있다.
- 그 아이는 부모님이 돌아가시자 어느 집 양녀로 입양되었다.

4일

소그드인 Sogd人

소그디아나를 근거지로 하는 이란계(系)의 주민

초등학교 6학년 교과서

'소그드인'이란?

소그드인은 5세기부터 9세기까지 중국과 인도, 동로마 제국에 걸쳐 무역을 하여 중국에서는 '상호(商胡)' 또는 '고호(賈胡)'로 불리었으며, 마니교, 조로아스터교, 소그드 문자 등을 전파하였습니다. 소그드 문자는 소그드어를 적는 데 쓰였던 음소 문자로, 2세기부터 13세기경까지 중앙아시아 일대에서 사용되었습니다.

예문

- 소그드인이 사용한 소그드 문자는 위구르 문자의 모태가 되었다.
- 소그드인은 소그드의 은화를 사용했다.

5일

가죽

동물의 몸을 감싸고 있는 질긴 껍질 또는 사람의 피부

초등학교 6학년 교과서

'가죽'과 관련된 속담은?

'가죽이 있어야 털이 나지'는 '무엇이나 그 바탕이 있어야
생길 수 있음'을 비유적으로 말하는 속담입니다. '가죽이 모자라서
눈을 냈는가'는 '보기 위해서 눈을 냈지 살가죽이 모자라서 눈을 내놓은 것이
아니다'는 뜻으로, 남들은 다 잘 보는 것을 보지 못하는 사람을 핀잔하는
속담입니다.

관용구

① 가죽만 남다 → 앙상하게 마르다.
② 양가죽을 쓰다 → 흉악한 본성을 숨기기 위하여 겉으로 순하고 착한
  것처럼 꾸미다.
③ 얼굴 가죽이 두껍다 → 부끄러움을 모르고 염치가 없다.

예문

· 가죽으로 만든 지도의 윗부분에는 그림이 새겨져 있었다.
· 먹지 못한 아이들은 뼈에 가죽만 씌워 놓은 듯 바싹 말라 있었다.

6일

초피

貂 담비 초, 皮 가죽 피

담비 종류 동물의 모피를 통틀어 이르는 말

초등학교 6학년 교과서

'초피'란?

초피는 고급 모피로 인정받고 있으며 품질에 따라
검은담비의 모피인 '잘'을 상등으로 치고, 노랑담비의 모피인 '돈피'와
유럽소나무담비의 모피인 '초서피(貂鼠皮)'를 중등으로 치며, 흰담비의
모피인 '백초피(白貂皮)'를 하등으로 칩니다.

예문

• 이 길은 서역 상인들이 초피를 사러 오는 길로 이용했다.
• 주단이나 흑공단, 백공단 같은 피륙이나 초피와 수달피 등은 시장에서
도 구할 수 있다.

7일

대상

隊 떼 대, 商 장사 상

사막이나 초원에서 낙타나 말에 짐을 싣고 떼를 지어 먼 곳으로 다니면서 특산물을 교역하는 상인의 집단

초등학교 6학년 교과서

'대상'과 같은 말은?

'상대(商隊)'와 '카라반(caravane)'은 '사막이나 초원에서 낙타나 말에 짐을 싣고 떼를 지어 먼 곳으로 다니면서 특산물을 교역하는 상인의 집단'을 이르는 말입니다.

동음 이의어

대상(對象) : 어떤 일의 상대 또는 목표나 목적이 되는 것

예문

• 열세 살인 홍라는 금씨 상단 대상주의 딸이다.
• 대상을 이끄는 어머니를 따라 일본으로 교역을 갔다가 바다에서 풍랑을 만난다.

8일

자주

自 스스로 자, 主 주인 주

남의 보호나 간섭을 받지 아니하고 자기 일을 스스로 처리함.

〈 초등학교 6학년 교과서 〉

'자주'와 비슷한 말은? ▶

'자결(自決)'은 '다른 사람의 도움이나 간섭을 받지 않고
자기와 관련된 일을 스스로 결정하고 해결함'을,
'독립(獨立)'은 '다른 것에 예속하거나 의존하지 아니하는 상태로 됨'을
이르는 말입니다.

**동음
이의어**

① 자주 : 같은 일을 잇따라 잦게
② 자주(紫朱) : 짙은 남빛을 띤 붉은색

예문

• 중국은 자주 외교 노선을 추구하고 있다.
• 우리는 민족 통일에 좀 더 자주적이고 거시적인 안목으로 접근해야 할
  것이다.
• 누구의 감시를 받고 하는 총선거가 자주적 선거가 되겠어요?

9일

존재 存 있을 존, 在 있을 재

'현실에 실제로 있음' 또는 '그런 대상'

초등학교 6학년 교과서

'존재'와 비슷한 말은?

'생존(生存)'은 '살아 있음' 또는 '살아남음'을, '실재(實才)'는
'실제로 존재함'을 이르는 말입니다.

예문

- 한없이 어리석은 짓 같아서 자신의 존재까지 부정했다.
- 우리는 사회적, 역사적 존재로서 살아가며, 또 살아갈 수밖에 없다.
- 한국인의 정신세계에서 강감찬 장군의 존재는 매우 컸던 것이다.
- 미약한 존재라고 생각하기 시작하면 더할 나위 없이 가엾은 동물에 지나지 않을 것이다.

10일

애타다

몹시 답답하거나 안타까워 속이 끓는 듯하다.

초등학교 6학년 교과서

'애타다'와 비슷한 말은?

'감질나다(疳疾나다)'는 '바라는 정도에 아주 못 미쳐
애가 타다'를, '걱정되다'는 '안심이 되지 않아 속이 타다'를
이르는 말입니다.

예문

- 일일여삼추로 애타게 임을 기다린다.
- 불길에 휩싸인 사람들은 살려 달라고 애타게 부르짖었다.
- 가슴이 숯등걸이 되도록 아들의 소식을 애타게 기다렸다.
- 남편은 애타도록 열성스러운 아내에게 이끌리다시피 교회에 나갔다.

11일

미천하다

微 작을 미,
賤 천할 천,
하다

신분이나 지위 따위가 하찮고 천하다.

초등학교 6학년 교과서

'미천하다'와 비슷한 말은?
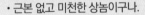

'비천(卑賤)하다'는 '지위나 신분이 낮고 천하다'를,
'천(賤)하다'는 '지체와 지위 따위가 낮다'를 이르는 말입니다.

예문

- 근본 없고 미천한 상놈이구나.
- 미천한 이 몸을 위하여 이렇듯 큰 배려를 해 주시니 몸 둘 바를 모르겠습니다.
- 옛날에 가수는 미천한 직업으로 여겨졌다.
- 길동이의 어머니는 미천한 천민 출신이었다.
- 신분이 미천하다고 해서 그 사람의 공로까지 폄하해서는 안 됩니다.

12일

빈천

貧 가난할 빈, 賤 천할 천

가난하고 천함.

초등학교 6학년 교과서

'빈천'과 비슷한 말은?

'천빈(賤貧)'은 '빈천'과 뜻이 같은 말입니다.

반대말

부귀(富貴) : 재산이 많고 지위가 높음.
[예] 부귀를 누리다.

예문

- 독립한 제 나라의 빈천이 남의 밑에 사는 부귀보다 기쁘고 영광스럽고 희망이 많기 때문입니다.
- 그는 빈천을 부끄러워하지 않는 대장부이다.
- 부귀한 사람이나 빈천한 사람이나 법 앞에서는 모두 평등하다.

13일

슈바이처 Schweitzer

독일의 신학자이자 철학자·의사(1875~1965)

초등학교 6학년 교과서

'수단의 슈바이처'는 누구일까?

수단 사람들은 이태석 신부를 '수단의 슈바이처'라고 부르며
사랑하고 그리워합니다. 이태석 신부는 2001년부터 2008년까지
수단 톤즈(Tonj)에 선교사제로 파견되어 구호, 의료, 교육, 사목활동에
힘썼으며, 현지인들을 진심으로 감화시킨 헌신적인 봉사 덕에 큰 존경을
받았습니다. 암 투병 중에도 자선 공연도 하고 각 지역의 성당을 직접 찾아가서
봉사활동과 지원을 호소하였지만, 2010년 1월 14일 세상을 떠났습니다.

예문

- 그는 슈바이처를 존경한 나머지 벽지의 병원에 근무를 자원했다.
- 슈바이처의 인류애는 영원토록 우리의 가슴에 남아 있을 것이다.
- 의학의 불모지였던 아프리카에서 의료 봉사를 한 슈바이처 박사의 일
  대기는 많은 사람들의 귀감이 되고 있다.
- 그는 슈바이처 박사처럼 참의사로서 '오지'를 찾아 의술을 펴다 인천
  에서 생을 마감한 것이다.

14일

마중물

펌프질을 할 때 물을 끌어 올리기 위하여 위에서 붓는 물

초등학교 6학년 교과서

'마중물'이란?

예전에는 우물에서 두레박으로 물을 길어 썼습니다. 그러다가
차차 펌프로 물을 퍼 올려 식수나 생활용수로 쓰게 되었습니다.
그런데 펌프에서 물을 퍼 올리기 위해서는 일단 물을 한 바가지 붓고 손잡이를
움직여야 물이 나옵니다. 마치 처음에 부은 물이 땅속에 있는 물을 마중하여
이끌어 오듯이 물이 나오는 것입니다. 그래서 펌프에 처음 붓는 물을
'마중물'이라고 합니다.

예문

· 깊은 샘에서 펌프로 물을 퍼 올리려면 한 바가지쯤의 마중물이 필요한
  것이다.
· 펌프에 마중물을 한 바가지 붓고 손잡이를 삐걱삐걱 오르내리자 물이
  와르르와르르 나왔다.
· 경기 침체 극복의 돌파구를 마련하기 위해 공금융을 통한 대대적인 경
  기 마중물 붓기에 나서고 있다.
· '데이터 경제'에 마중물을 붓는 지원책도 대거 나온다.

15일

요양원

療 병 고칠 요,
養 기를 양,
院 담 원

환자들을 수용하여 요양할 수 있도록
시설을 갖추어 놓은 보건 기관

초등학교 6학년 교과서

'요양원'과 비슷한 말은?

요양소는 '요양원'과 뜻이 같은 말입니다.

예문

- 할머니, 할아버지들이 계시는 요양원에 가서 청소를 했습니다.
- 그녀는 몸이 심하게 허약해져 몇 달째 요양원에 가 있다.
- 할아버지는 요양원에서 자택으로 옮겨 치료 중이시다.
- 할머니께서는 건강이 나빠지셔서 요양원으로 옮겨가시게 되었다.
- 요즘 복지 문제가 대두되면서 요양원과 복지원 같은 사회 복지 시설의
  필요성이 증가하고 있다.

16일

성찰
省 살필 성, 察 살필 찰

자기의 마음을 반성하고 살핌.

> 초등학교 6학년 교과서

올바른 삶과 도덕적 '성찰'이란?

올바른 삶과 도덕적 성찰의 의미와 중요성을 깨달으면,
그것을 실천하려는 태도를 기를 수 있습니다. 올바른 삶에 매우
중요한 도덕적 성찰의 방법을 통해 자신의 마음을 다스리고,
생활 속에서 꾸준히 실천하는 힘을 기를 수 있습니다.

예문

• 수도자는 자신의 내면적인 성찰과 자각을 게을리하지 않아야 한다.
• 깨달음을 얻는 일은 오랜 성찰을 통해서만 가능합니다.
• 시련이 크면 클수록 자기 자신에 대한 성찰은 깊어질 수 있다.
• 옛날의 어떤 성자는 성찰이 없는 생활은 살 보람이 없다고 말하였다.

비슷한 말

① 반성(反省) : 자신의 언행에 대하여 잘못이나 부족함이 없는지 돌이켜 봄.
② 자각(自覺) : 현실을 판단하여 자기의 입장이나 능력 따위를 스스로 깨달음.

17일

유언 遺 남길 유, 言 말씀 언

죽음에 이르러 말을 남김. 또는 그 말

초등학교 6학년 교과서

'유언'의 방식은?

유언은 만 17세 이상이면 누구나 할 수 있습니다.
유언의 방식으로는 자필 증서, 녹음, 공정 증서, 비밀 증서,
구수(口授) 증서 등이 있습니다.

**동음
이의어**

유언(流言) : 떠도는 말

예문

· 노벨이 죽고 난 뒤 유언이 발표되었습니다.
· 유언은 일정한 방식에 따라야 하며, 그에 따르지 않은 유언은 법적으로 무효가 된다.
· 그녀의 시신은 유언대로 화장해서 그 뼛가루는 바다에 뿌려졌다.
· 강 박사님은 빈소를 차리거나 조문을 받지 말라는 유언만을 남기고 돌아가셨습니다.

11월

18일

격언
格 바로잡을 격, 言 말씀 언

오랜 생활 체험을 통하여 이루어진 인생에 대한 교훈이나 경계 따위를 간결하게 표현한 짧은 글

> 초등학교 6학년 교과서

'격언'과 '속담'은?

속담이나 격언에는 우리보다 먼저 살았던 사람들 또는 위인들의 가르침이나 도덕적 지혜가 담겨 있습니다.

예문

- '시간은 금이다'라는 말은 시간의 소중함을 가르치는 격언이다.
- 아버지께서는 나에게 도움이 될 만한 격언을 말씀해 주시곤 했다.
- 나는 책 속에서 마음에 드는 격언을 발견하고 그것을 수첩에 적어 놓았다.
- 언론인들은 펜은 검보다 강하다는 격언을 자랑스럽게 생각하고 있다.

19일

좌우명

座 자리 좌,
右 오른쪽 우,
銘 새길 명

늘 가까이에 두고 생활의 길잡이로 삼는 말이나 문구

> 초등학교 6학년 교과서

'좌우명'과 비슷한 말은?

'모토(motto)'는 '살아 나가거나 일을 하는 데 있어서 표어나 신조 따위로 삼는 말'을, '신조(信條)'는 '굳게 믿어 지키고 있는 생각'을 이르는 말입니다.

예문

- 그는 벽에다 좌우명을 써 붙였다.
- 그의 좌우명은 '매사에 최선을 다하자'이다.
- 정직은 그가 마음에 새겨 두고 있는 좌우명이다.
- 그의 작품집 첫머리에 인용된 문구는 할아버지의 좌우명이었다.
- 아버지는 정직과 신용을 인생의 좌우명으로 삼고 사신다.

20일

암담하다

暗 어두울 암,
澹 담박할 담,
하다

희망이 없고 절망적이다.

초등학교 6학년 교과서

'윤동주'는 어떤 시인?

윤동주(1917~1945)는 암담(暗澹)한 시대를 살아가는 사람으로서
겪어야 했던 정신적 고뇌와 아픔을 고백하며
스스로 반성하는 마음을 시로써 표현했습니다.

예문

· 아버지의 실직으로 우리 가족의 생계가 암담해졌다.

· 외아들을 먼저 보낸 부모의 암담한 심정은 아무도 모른다.

· 자신의 이렇다 할 전망 없는 앞날과 암담한 현실을 떠올리며….

· 암벽을 뚫고 나가려는 암담한 몸부림 같은 것이 느껴진다.

· 그들은 당장 다음 끼니를 해결하지 못해 눈앞이 암담할 뿐이었다.

21일

자화상

自 스스로 자,
畵 그림 화,
像 형상 상

스스로 그린 자기의 초상화

초등학교 6학년 교과서

'자화상'은 어떤 시?

윤동주의 시 〈자화상〉에는 일제의 탄압 속에서 겪었던
자신의 고뇌와 갈등이 짙게 배어 있습니다.

예문

- 박물관에는 유명 화가들의 자화상이 전시되었다.
- 귀가 잘린 고흐의 자화상에서는 그가 겪었던 고뇌와 아픔이 느껴진다.
- 어떻게 보면 모든 시는 넓은 뜻에서 시인들의 자화상이라고도 할 수 있다.
- '사오정(45세 정년)', '오륙도(56세까지 일하면 도둑)'에 이어 '육이오(62세까지 일하면 오적)'까지, 요즘 직장인들의 자화상이다.
- 이것은 서정주 시인의 〈자화상〉이란 시의 전문이다.

22일

자율 주행

自 스스로 자,
律 법율,
走 달릴 주,
行 갈 행

운전자가 직접 운전하지 않고, 차량 스스로 도로에서 달리게 하는 것

초등학교 6학년 교과서

'자율 주행 자동차'란?

'자율 주행 자동차(Autonomous Vehicle)'란 '운전자의 개입 없이 주변 환경을 인식하고 주행 상황을 판단해 차량을 제어함으로써 스스로 주어진 목적지까지 주행하는 자동차'를 말합니다. 2040년에는 전 세계 차량의 약 75%가 자율 주행 자동차로 전환될 것으로 예상됩니다.

예문

- 한국에서도 1990년대 후반부터 자율 주행 자동차를 개발하기 시작했다.
- 자율 주행 기술 개발을 위해 글로벌 업체 간 협력이 강화되는 등 미래 차 시대를 대비하는 상황이다.
- 자율 주행차가 개발돼 상용화하면 자동차의 개념이 혁신적으로 바뀔 것으로 보인다.
- 자율 주행, 드론, 생명 과학, 반도체, 가전, 유통, 농업 등 다양한 산업과 분야에서 핵심 기술로 활용되고 있는 머신 비전 기술의 중요성이 높아지고 있다.

23일

청진기

聽 들을 청,
診 볼 진,
器 그릇 기

환자의 몸 안에서 나는 소리를 듣는 데 쓰는 의료 기구

초등학교 6학년 교과서

'청진기'는 누가 발명했을까?

청진기는 집음부(集音部)의 소리를 고무관으로 유도하여 양쪽 귀로 듣는 것을 많이 쓰며, 1816년에 프랑스의 라에네크(Laënnec, R.)가 발명하였습니다.

예문

- 청진기로 환자의 심장 소리를 듣다.
- 의사 선생님께서는 청진기를 대 보며 아기의 이곳저곳을 진찰했습니다.
- 그녀는 오랜 시간 동안 진료해 청진기를 귀에 꽂을 수 없을 정도로 귀가 붓는 힘든 나날을 보내기도 했습니다.
- 진료실에 들어가니 흰 가운에 청진기를 두른 의사가 기다리고 있었다.

24일

논란

論 말할 논, 難 어려울 란

여럿이 서로 다른 주장을 내며 다툼.

초등학교 6학년 교과서

'논란'과 비슷한 말은?

'논쟁(論爭)'은 '서로 다른 의견을 가진 사람들이 각각 자기의 주장을 말이나 글로 논하여 다툼'을, '갑론을박(甲論乙駁)'은 '여러 사람이 서로 자신의 주장을 내세우며 상대편의 주장을 반박함'을 이르는 말입니다.

예문

- 최근에 오디션 투표 조작으로 논란이 일어났다.
- 한동안의 논란 끝에 일행은 두 패로 갈라졌다.
- 양자 간의 시각 차이로 상당한 논란이 예상된다.
- 여러 가지 논란과 해석상의 문제에도 불구하고 그는 우리 문학사에 길이 남을 만한 작가이다.
- 근래 출판물에 대한 잇따른 판금 조치로 출판의 자유에 대한 논란이 일었다.

25일

차별

差 어긋날 차, 別 나눌 별

둘 이상의 대상을 각각 등급이나 수준 따위의 차이를 두어서 구별함.

초등학교 6학년 교과서

모든 국민은 차별을 받으면 안 된다고?

'대한민국 헌법 제11조 제1항'은 '모든 국민은 법 앞에 평등하다. 누구든지 성별·종교 또는 사회적 신분에 의하여 정치적·경제적· 사회적·문화적 생활의 모든 영역에 있어서 차별을 받지 아니한다'입니다. 따라서 모든 국민은 차별을 받아서는 안 됩니다.

반대말

평등(平等) : 권리, 의무, 자격 등이 차별 없이 고르고 한결같음.
[예] 그는 자유와 평등은 만민이 누려야 할 권리라고 외쳤다.

예문

• 우리 회사는 남녀 차별이 없습니다.
• 그는 아들과 딸을 차별 없이 똑같이 사랑한다.
• 유색인을 차별하는 정책은 폐지되어야 한다.
• 사람은 빈부귀천에 따라 차별받아서는 안 된다.

26일

등급

等 가지런할 등, 級 등급 급

높고 낮음이나 좋고 나쁨 따위의 차이를 여러 층으로 구분한 단계

초등학교 6학년 교과서

세종대왕은 토지 '등급'에 따라 세금을 내게 했다고?

조선 시대 초기에는 땅을 가지고 있는 사람에게 세금을 내게 했습니다. 그런데 땅이 비옥하고 농사가 잘되는 곳도 있고, 땅이 척박해 농사가 안 되는 곳도 있었지요. 그래서 세종대왕은 땅에 대한 세금 제도를 공정하게 바꾸기 위해 백성들의 의견을 듣는 국민 투표를 실시했습니다. 이렇게 백성들의 의견을 듣고, 전국에 있는 땅을 여섯 등급으로 나누어 그 등급에 따라 거두어들이는 쌀의 양을 다르게 했습니다.

예문

- 심사 위원들로부터 최고 등급을 받다.
- 우리 공장에서는 제품을 품질에 따라 세 등급으로 구분한다.
- 우리 식당은 등급이 높은 쇠고기만 사용합니다.
- 선희는 학생들이 친 시험 성적의 등급을 매기고 있다.
- 이 우유는 일 등급 원유만을 사용하여 만들었다.

27일

분단
分 나눌 분, 斷 끊을 단

동강이 나게 끊어 가름.

초등학교 6학년 교과서

우리나라는 세계 유일의 '분단' 국가라고?

1949년 독일이 분단되면서 동독과 서독으로, 수도인 베를린은
동베를린과 서베를린으로 나뉘었습니다. 동베를린과 서베를린 사이에는
베를린 장벽이 설치되었는데, 1990년 통일이 되어 이 장벽을 허물게
되었습니다. 우리나라는 1945년 8월 15일 광복 이후, 북위 38도선을 기준으로
한반도가 남과 북으로 나뉘게 되었습니다. 현재 남과 북은 세계에서 유일한
분단 국가입니다.

**동음
이의어**

① 분단(分段) : 사물을 여러 단계로 나눔. 또는 그 단계
[예] 선생님은 그 논설문을 몇 개의 분단을 나눈 후 각각의 주제를 써 보
라고 하셨다.
② 분단(分團) : 하나의 단체를 몇 개의 작은 단위로 나눔. 또는 그 집단
[예] 우리 분단의 분단장은 영수야.

예문

· 분단 이후 태어난 젊은 세대들은 전쟁의 아픔을 잘 모른다.
· 독일은 우리보다 먼저 민족 분단을 극복하고 통일을 이루었다.
· 북에 고향을 둔 실향민들은 분단으로 가장 큰 고통을 겪고 있다.

28일

통일

統 큰 줄기 통, 一 한 일

나누어진 것들을 합쳐서 하나의 조직·체계 아래로 모이게 함.

> 초등학교 6학년 교과서

우리나라는 언제쯤 '통일'될까?

1989년 11월 9일 동독과 서독을 가로막고 있던 베를린 장벽이
무너지고 독일은 한 나라로 통일되었습니다. 우리나라는 언제쯤
통일될 수 있을까요? 남과 북이 하나로 통일하려면 서로 대립과 분쟁을
멈추고 하나의 공동체를 만들기 위한 화해와 협력이 필요합니다.

예문

- 남북은 반드시 통일이 되어야 한다.
- 영화나 연극도 오케스트라처럼 전체적인 조화와 통일을 이루어야 한다.
- 베를린 장벽 철거 전 서독에는 수백 개에 이르는 통일 관계 연구 단체가
  있었다고 한다.
- 모든 문제에 대해서 의견의 통일을 이루기는 쉽지 않다.
- 우리의 소원은 남과 북이 평화로운 통일을 이루는 것이다.

29일

공동체

共 함께 공,
同 한가지 동,
體 몸 체

생활이나 행동 또는 목적 따위를 같이하는 집단

초등학교 6학년 교과서

'공동체'는 누가 처음 주장했을까?

공동체는 독일의 사회학자 퇴니에스(1855~1936)가 처음
주장한 사회 유형의 하나로, 가족, 촌락, 기업, 국가 등이 공동체입니다.
하나의 공동체를 이루도록 여러 가지 제도와 기구를 만들어 운영합니다.

예문

- 가정은 사회를 이루는 가장 기초적인 단위의 공동체이다.
- 선생님께서는 공동체 생활을 하면 협동심을 기를 수 있다고 말씀하셨다.
- 체육 대회는 사원들이 하나의 공동체로 묶이는 기회이다.
- 진정한 공동체를 향한 새롭고 진지한 모색을 바로 지금부터 시작해야 합니다.

비슷한
말

커뮤니티(community) : 지연에 의하여 자연 발생적으로 이루어진 공동
사회. 주민은 공통의 사회 관념, 생활 양식, 전통, 공동체 의식을 가진다.

30일

번영

繁 많을 번, 榮 영화 영

번성하고 영화롭게 됨.

초등학교 6학년 교과서

'번영'과 비슷한 말은?

'발전(發展)'은 '낮고 좋은 상태나 더 높은 단계로 나아감'을,
'번성(蕃盛)'은 '한창 성하게 일어나 퍼짐'을,
'성장(成長)'은 '사물의 규모나 세력 따위가 점점 커짐'을 이르는 말입니다.

예문

- 통일이 되면 한국과 주변국, 전 세계가 함께 번영할 수 있습니다.
- 우리가 오늘 땀을 흘려서 창조하고 건설하여 놓은 것은 다 우리와 자손만대의 번영을 위한 것이다.
- 영국은 산업 혁명 이후 큰 번영을 누렸다.
- 동북아의 번영은 한반도의 안정에서 출발한다.
- 두 나라는 인류의 공동 번영을 화약하고서 전쟁을 멈추기로 하였다.

1일

인류애

人 사람 인,
類 무리 류,
愛 사랑 애

인류 전체에 대한 사랑

초등학교 6학년 교과서

'인류애'와 비슷한 말은?

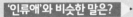

'**박애(博愛)**'는 '**모든 사람을 평등하게 사랑함**'을 이르는 말입니다.

예문

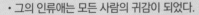

- 그의 인류애는 모든 사람의 귀감이 되었다.
- 아이들에게 인류애와 평화 애호심을 심어 주자는 취지로 세계 어린이 캠프가 개최되었다.
- 슈바이처의 인류애는 영원토록 우리의 가슴에 남아 있을 것이다.
- 사람은 이렇게까지 높고 거룩한 인류애에 불타고 있다는 장엄한 기분 이 지금도 우리의 영혼을 도취시키고 있습니다.

12월

2일

국제

國 나라 국, 際 사이 제

나라 사이에 관계됨.

초등학교 6학년 교과서

'한국 국제 협력단'이란?

'한국 국제 협력단(KOICA)'은 경제적으로 어려움을 겪고 있는
나라에 도움을 주는 단체입니다. 형편이 어려운 나라 사람들에게
교육 기회를 제공하고, 몸이 아픈 사람들이 치료받을 수 있도록 의약품과
의료 장비를 지원합니다.

반대말

국내(國內) : 나라의 안

예문

· 그 나라는 국제 원조를 거부했다.
· 이 A4 용지는 국제 규격에 맞는 크기이다.
· 요즘에도 국제 유가의 상승세가 지속되고 있다.
· 우리는 국제 기아 난민 대책 기구와의 협력을 강화해 나가기로 했다.
· 미국에 있는 형한테서 국제 전화가 걸려 왔다.

3일

국경

國 나라 국, 境 지경 경

나라와 나라의 영역을 가르는 경계

> 초등학교 6학년 교과서

'국경 없는 의사회'란?

국경 없는 의사회는 전쟁, 질병, 굶주림, 자연재해 등으로 고통받는 세계 각 지역의 주민들을 도와주는 국제 민간 의료 구호 단체입니다.

예문

- 외적을 국경 밖으로 내몰다.
- 자유를 찾아 국경을 넘어왔다.
- 두 나라는 서로 국경이 접해 있다.
- 그는 국경을 지키는 수비대에 발탁되었다.
- 모차르트의 음악은 시대와 국경을 초월하여 모두에게 감동을 준다.

비슷한 말

① 강계(疆界) : 나라의 경계
② 강경(疆境) : 나라의 경계

4일

분배

分 나눌 분, 配 아내 배

생산 과정에 참여한 개개인이 생산물을
사회적 법칙에 따라서 나누는 일

초등학교 6학년 교과서

'분배'와 비슷한 말은?

'배분(配分)'은 '생산 과정에 참여한 개개인이 생산물을 사회적 법칙에
따라서 나누는 일'을, '배당(配當)'은 '일정한 기준에 따라
나누어 줌'을 이르는 말입니다.

예문

• 경품이 각 지역별로 분배되었다.
• 어획물을 각 개인별로 고르게 분배하다.
• 소를 잡아 그 고기를 각 집에 고르게 분배했다.
• 성과에 따라 임금이 노동자들에게 분배되었다.
• 그들 형제는 유산의 분배 문제로 사이가 좋지 못했다.

5일

망명
亡 달아날 망, 命 목숨 명

자기 나라에서 박해받고 있거나 박해받을 위험이 있는 사람이 이를 피하기 위하여 외국으로 몸을 옮김.

> 초등학교 6학년 교과서

'망명'하다 임시 정부를 만든 사람은?

김구(金九, 1876~1949) 선생님은 동학 농민 혁명을 지휘하다가 일본군에 쫓겨 만주로 망명하여 의병단에 가입하였고, 3·1운동 후에는 중국 상하이(上海)의 대한민국 임시 정부를 만드는 데 참여하였습니다. 1928년 이시영 등과 함께 한국 독립당을 조직하여 이봉창, 윤봉길 등의 의거를 지휘하였고, 1944년 임시 정부 주석으로 선임되었습니다.

예문

- 그는 모진 박해를 피해 이웃 나라로 망명했다.
- 북한 주민이 제삼국을 통해 남한으로 망명했다.
- 단재 신채호 선생은 결국 망명을 하기로 결정했다.
- 비록 생명의 위협을 받아 망명을 떠났지만 김 선생은 조국을 잊을 수 없었다.
- 그는 일본의 침략 세력에 몰려 다시 망명의 길을 떠났다.

6일

비무장 지대

非 아닐 비, 武 무기 무, 裝 꾸밀 장, 地 땅 지, 帶 띠 대

군사 시설이나 인원을 배치해 놓지 않은 곳을 통틀어 이르는 말

초등학교 6학년 교과서

'비무장 지대 생태 평화 공원'이란?

비무장 지대 생태 평화 공원은 우리나라에 있는 비무장 지대에 만들어진 공원으로 전쟁, 평화, 생태가 공조하는 비무장 지대의 상징적인 의미를 담고 있습니다.

예문

- 비무장 지대는 겉으로 보기에는 아름다워 보이지만 우리 민족의 한이 서려 있는 곳이다.
- 비무장 지대에는 민가가 없다.
- 비무장 지대의 생태계를 찍어 방영한 다큐멘터리가 방송 대상을 탔다.
- 두루미는 초겨울이면 우리나라로 날아와 비무장 지대에서 월동을 한다.

비슷한 말

디엠제트(DMZ) : 교전국 쌍방이 협정에 따라 군사 시설이나 인원을 배치하지 않은 지대

7일

국가주의

國 나라 국,
家 집 가,
主 주인 주,
義 옳을 의

국가의 공동체적 이념을 강조하고 그 통일, 독립, 발전을 꾀하는 주의

특목고 및 대입 면접 주요 용어

'국가주의'의 형태는?

국가주의는 최소정부주의(minarchism)부터 전체주의까지 여러 형태가 있습니다. 최소정부주의는 자본주의 질서를 유지하기 위한 최소한의 사법집행 기관만을 인정하는 야경국가 체제를 의미합니다. 전체주의는 최대한의 통제적인 국가를 의미합니다.

예문

• 일본은 국가주의와 국제주의 중 어느 쪽으로 갈 것 같습니까?
• 선생님께서는 히틀러와 나치 독일을 예로 들며 국가주의가 가질 수 있는 맹목성을 주의하라고 거듭 강조하셨다.
• 자본주의와 국가주의의 폐해를 공격적으로 개혁하는 급진성이 안일주의와 모험주의로 변질하기도 하였다.
• 자유 민주주의는 지나치게 갈등을 지향하기 때문에, 무정부주의나 최소 국가주의와 현실주의 성향 간의 불안정한 조화일 수밖에 없다.

비슷한 말

내셔널리즘(nationalism) : 민족의 독립과 통일을 가장 중시하는 사상

8일

민족주의

民 백성 민,
族 겨레 족,
主 주인 주,
義 옳을 의

민족의 독립과 통일을 가장 중시하는 사상

> 특목고 및 대입 면접 주요 용어

'민족주의'의 형태는?

민족주의는 19세기 이래 근대 국가 형성의 기본 원리가 되었으며, 분열되어 있는 민족의 정치적 통일을 목표로 하는 형태와 외국의 지배로부터의 해방이나 독립을 목표로 하는 형태로 크게 나뉩니다.

반대말

사대주의(事大主義) : 주체성이 없이 세력이 강한 나라나 사람을 받들어 섬기는 태도

예문

- 지금 세계는 민족주의와 세계주의를 동시에 요구한다.
- 드보르작, 시벨리우스의 작곡 기법에는 민족주의가 잘 드러나고 있다.
- 요즘 같은 세계화 시대에 우리가 추구해야 할 바람직한 민족주의는 어떤 것일까요?
- 그의 전 작품을 일관되게 관류하고 있는 것은 민족주의라고 할 수 있다.
- 개화기에 발아된 강한 민족주의 사상은 일제 36년간의 암흑기에도 그 명맥을 유지하였다.

9일

지속 가능한 개발

持 가질 지, 續 이을 속, 可 가히 가, 能 능할 능, 한, 開 열 개, 發 쏠 발

미래 세대를 위해 한계 용량의 범위를 넘지 않는 범위에서 현재 세대의 필요를 충족하는 경제, 사회, 환경의 조화로운 발전을 이르는 말

특목고 및 대입 면접 주요 용어

'지속'과 비슷한 말은?

'지속(持續)'은 '어떤 상태가 오래 계속됨'을 이르는 말입니다.
비슷한 말로는 '영원히 계속됨'을 뜻하는 '영속(永續)'이 있습니다.

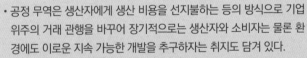

예문

- 공정 무역은 생산자에게 생산 비용을 선지불하는 등의 방식으로 기업 위주의 거래 관행을 바꾸어 장기적으로는 생산자와 소비자는 물론 환경에도 이로운 지속 가능한 개발을 추구하자는 취지도 담겨 있다.
- 생물 다양성 협약은 생물 다양성의 보전과 생물 자원의 지속 가능한 이용 등을 위해 1992년 6월 유엔 환경 개발 회의에서 채택된 국제 협약이다.
- 그동안의 지역 개발만이 지방 정부가 살 길이라는 강박증에서 벗어나 '탈개발'을 해야 할 때이고, 지역의 교육, 복지, 문화, 환경 정책 등을 통해 지속 가능한 지역 발전의 동력을 마련해야 한다고 밝혔다.

10일

디지털 전환

digital,
轉 구를 전,
換 바꿀 환

디지털 기술을 사회 전반에 적용하여 전통적인 사회 구조를 혁신시키는 것

> 특목고 및 대입 면접 주요 용어

'디지털 전환'이란?

디지털 전환은 사물 인터넷(IoT), 클라우드 컴퓨팅, 인공지능(AI), 빅데이터 솔루션 등 정보통신기술(ICT)을 플랫폼으로 구축·활용하여 기존의 전통적인 운영 방식과 서비스 등을 혁신하는 것을 의미합니다.

예문

- 디지털 전환을 기점으로 무료 다채널 서비스를 제공하는 케이뷰 플랜을 발표하며 다채널 서비스에 시동을 걸었다.
- 토론회에선 방송 매체의 디지털 전환, 다매체화에 따른 유료 방송 시장에서 시청자의 매체 이동 동향 등이 집중 논의될 예정이다.
- 디지털 케이블 티브이 전환 사업이나 가상 이동망 사업자 진출도 막대한 투자비에 가로막혀 활기를 잃고 있는 실정이다.
- 자유 무역 협정 등으로 국제적 경쟁이 모든 분야로 파급되고 디지털 방송 등 기술 전환의 대변환의 시기가 됐기에 국가 경쟁력 차원에서도 결단을 내려야 할 시점이 됐다.

12월 11일

사회 보장 제도

社 일 사, 會 모일 회, 保 지킬 보, 障 막다 장, 制 마를 제, 度 법도 도

어려움에 처한 사회 구성원들의 생활을 국가 및 지방 자치 단체가 사회 정책을 통하여 해결해 주는 제도

특목고 및 대입 면접 주요 용어

'사회 보장'이란?

'사회 보장'은 '출산, 양육, 실업, 노령, 장애, 질병, 빈곤 및 사망 등의 사회적 위험으로부터 모든 국민을 보호하고 국민 삶의 질을 향상시키는 데 필요한 소득·서비스를 보장하는 사회보험, 공공부조, 사회서비스'를 이르는 말입니다.

예문

- 사회 보장 제도가 발달된 나라일수록 무료로 치료를 받을 수 있는 수혜의 폭이 넓다.
- 과다한 재정 지출로 인해 유럽에서는 사회 보장 제도를 축소하는 추세이다.
- 정부는 소득 재분배를 위해 주로 조세나 사회 보장 제도의 조정을 선택한다.
- 근로 장려세는 참여 정부 시절인 2006년 도입해 2009년부터 시행에 들어간 제도로 사회 보장 제도의 사각지대에 있는 근로 빈곤층을 지원하고 소득 불균형을 개선하기 위해 만들어졌다.

12일

계층 이동

階 섬돌 계,
層 층 층,
移 옮길 이,
動 움직일 동

특정 계층에 속한 구성원의 전반적인 생활 여건이 변화하는 상태

특목고 및 대입 면접 주요 용어

'계층 이동'이란?

'계층 이동'은 '특정 계층에 속한 구성원의 전반적인 생활 여건이 변화하는 상태'를 이르는 말로, 사회·경제 발전에 따른 물질적 생활 수준의 향상뿐만 아니라, 정신적 만족을 포함한 전반적인 생활 여건의 변화를 의미합니다. 계층 이동에는 상향적인 계층 이동과 하향적인 계층 이동이 있습니다.

예문

- 금수저, 은수저, 흙수저에서 보듯이 신분 상승이나 계층 이동의 사다리가 사라진 지 오래되었고, 부패는 일상생활에 만연되어 있다.
- 광복과 전쟁, 고도성장 등 격동기를 거치면서 개인주의와 남녀 평등 사상이 부상하고 당사자끼리의 연애혼을 통한 핵가족 체제가 정착되면서 결혼을 통한 계층 이동 통로도 꽤 유연해졌다.
- 아직 계급 이동이 활발한 한국 사회에서 학력은 계층 이동의 가장 쉬운 경로다.

13일

패권

霸 으뜸 패, 權 저울추 권

어떤 국가가 경제력이나 무력으로 다른 나라를 압박하여 자기의 세력을 넓히려는 권력

특목고 및 대입 면접 주요 용어

'기술 패권 전쟁'이란?

기술 패권 전쟁은 국제적으로 막대한 영향력을 행사하고 있는 초강대국 미국과 빠른 경제성장을 바탕으로 주변으로 세력을 점점 늘려가고 있는 중국이 차세대 글로벌 패권을 두고 벌이는 정치, 경제, 군사, 외교, 사회, 문화, 과학기술 등을 포괄적으로 경쟁하는 것입니다.

예문

· 그는 당내(黨內) 패권을 움켜쥐고 있는 실력자이다.
· 로마는 포에니 전쟁에서 승리하여 지중해의 패권을 손에 넣었다.
· 장보고는 청해진을 중심으로 한 해상 무역의 패권을 잡게 되었다.
· 이 시대에 세계의 패권을 장악하고 있는 나라는 무엇보다도 과학이 발달한 나라다.
· 국제 통상 마찰, 기술 패권주의는 민간 산업보다 방위 산업에서 더 첨예화되고 있다는 사실을 직시해야 합니다.

14일

정보 보안

情 뜻 정,
報 알릴 보,
保 지킬 보,
安 편안할 안

정보를 여러 가지 위협으로부터 보호하는 것

특목고 및 대입 면접 주요 용어

'정보 보안'이란?

'정보 보안'은 '정보의 수집, 가공, 저장, 검색, 송신, 수신 도중에 정보의 훼손, 변조, 유출 등을 방지하기 위한 관리적, 기술적 방법'을 의미합니다. 정보 보호는 정보를 제공하는 공급자 측면과 사용자 측면으로 나눌 수 있습니다. 공급자 측면에서는 내외부의 위협요인들로부터 네트워크, 시스템 등의 하드웨어 데이터베이스, 통신 및 전산시설 등 정보자산을 안전하게 보호·운영하기 위한 일련의 행위이며, 사용자 측면에서는 개인 정보 유출, 남용을 방지하기 위한 일련의 행위입니다.

예문

- 사이버 보안이 국가 안보와도 직결되는 만큼 정보 보안 산업의 중요성은 재론의 여지가 없다.
- 대규모 정보 유출 사고와 개인 정보 보호법 시행 등으로 국내 정보 보안업계가 함박웃음을 터뜨리고 있다.
- 정보 보안 산업의 폭발적 성장은 이와 같은 인터넷 환경의 취약한 구조와 맞물려 있다.
- 신용 사회에서 비밀번호, 계좌 번호, 주민 등록 번호 등 개인 정보 보안의 중요성은 아무리 강조해도 지나치지 않다.

뉴노멀 New Normal

시대변화에 따라 새롭게 부상하는 표준으로, 경제 위기 이후 5~10년간의 세계 경제를 특징짓는 현상

特목고 및 대입 면접 주요 용어

'뉴노멀'이란?

뉴노멀은 시대변화에 따라 새롭게 부상하는 표준으로, 경제 위기 이후 5~10년간의 세계 경제를 특징짓는 현상입니다. 과거에 대해 반성하고 새로운 질서를 모색하는 시점에 등장합니다. 저성장, 저소비, 높은 실업률, 고위험, 규제강화, 미 경제 역할 축소 등이 2008년 글로벌 경제위기 이후 세계 경제에 나타나는 뉴노멀입니다.

예문

· 대공황 이후 정부 역할이 중시되는 뉴노멀이 확산되었다.
· 1980년대 이후 규제 완화 뉴노멀이 대세가 되었다.
· 코로나 팬데믹 이후 자국 우선주의와 보호무역이 뉴노멀로 대두되었다.

16일

유전자 편집 _{gene editing}

**인공적으로 조작된 핵산분해효소 혹은
유전자 가위를 이용해 유전체로부터 DNA가 삽입,
대체 혹은 결실되는 유전 공학**

> 특목고 및 대입 면접 주요 용어

'유전자 편집'이란?

유전자 편집은 유전자를 선택적으로 제거 또는 염기치환을 시킴으로써
돌연변이를 일으켜 해당 유전자의 기능을 없애고, 그 결과 나타나는 생물학적
변화를 관찰할 수 있는 혁신적인 생명공학 기술입니다. 이 기술을 활용하여
질병 유발 유전자를 선택적으로 제거하는 다양한 시도가 이루어지고 있습니다.
외래 유전자를 삽입하는 것이 아니기 때문에 현재 대중적 반감을 사고 있는
유전자변형생물(GMO, genetically modified organism)의 논란에서
자유로울 수 있는 기술로 각광받고 있습니다.

예문

- 유전자 편집을 의뢰하다.
- 유전자 편집은 현대 과학의 대표적인 연구 대상이다.
- 유전자 편집 아기가 태어나는 시대를 맞아 생명 과학의 윤리와 관련
  사회 제도에 대한 고민을 담고 있다.

17일

플랫폼 노동
Platform labor

애플리케이션이나 SNS 등의 디지털 플랫폼을 매개로 하는 노동

특목고 및 대입 면접 주요 용어

플랫폼 노동이란? ▶

플랫폼 노동은 디지털 경제 시대의 도래와 함께 출현한 새로운 형태의 노동입니다. 정보통신 분야에서 '플랫폼(platform)'은 '정보시스템 환경을 구축·개방하여 누구나 방대한 정보를 활용할 수 있도록 제공하는 기반'을 의미합니다. 국제노동기구(ILO)는 플랫폼 노동을 '온라인 플랫폼을 이용하여 불특정 조직이나 개인의 문제를 해결해 주고 서비스를 제공함으로써 보수 혹은 소득을 얻는 일자리'로 정의하고 있습니다.

예문

- 한국고용정보원은 플랫폼 노동을 '디지털 플랫폼의 중개를 통하여 일자리를 구하고, 단속적 일거리 1건당 일정한 보수를 받고, 고용계약을 체결하지 않고 일하며 근로소득을 획득하는 근로형태'라고 정의하였다.
- 플랫폼 노동은 지역 기반 플랫폼을 이용한 온디맨드 노동이다.
- 플랫폼 노동은 근로계약관계를 기반으로 한 전통적 종속노동과 달리 고용의 비전속성, 업무 또는 서비스의 초단기성, 업무 장소 및 시기의 불특정성, 업무(서비스) 선택의 자율성과 같은 특징을 가지고 있다.

18일

ESG

Environmental,
Social and
Governance

기업의 비재무적 요소인 환경(Environment)·사회(Social)·지배구조(Governance)를 뜻하는 말

> 특목고 및 대입 면접 주요 용어

'ESG' 경영이란?

ESG 경영은 기업의 재무적 성과만을 판단하던 전통적 방식과 달리, 장기적 관점에서 기업 가치와 지속가능성에 영향을 주는 ESG(환경·사회·지배구조) 등의 비재무적 요소를 중시합니다. 기업의 ESG 성과를 활용한 투자 방식은 투자자들의 장기적 수익을 추구하는 한편, 기업 행동이 사회에 이익이 되도록 영향을 줄 수 있습니다.

예문

- 지속 가능한 발전을 위한 기업과 투자자의 사회적 책임이 중요해지면서 세계적으로 많은 금융기관이 ESG 평가 정보를 활용하고 있다.
- 영국(2000년)을 시작으로 스웨덴, 독일, 캐나다, 벨기에, 프랑스 등 여러 나라에서 연기금을 중심으로 ESG 정보 공시 의무 제도를 도입했다.
- UN은 2006년 출범한 유엔책임투자원칙(UNPRI)을 통해 ESG 이슈를 고려한 사회책임투자를 장려하고 있다.

19일

평생 학습

平 평평할 평,
生 날 생,
學 배울 학,
習 익힐 습

삶의 질 향상과 자아실현을 위해 전 생애에 걸쳐 이루어지는 학습

특목고 및 대입 면접 주요 용어

'평생 학습'이란?

평생 학습은 인간의 삶의 질 향상과 자아실현을 위해 태어나면서부터 죽을 때까지 전 생애에 걸쳐 이루어지는 학습을 의미합니다. 이 학습은 자기 주도적이며, 개인이 스스로 학습에 대한 욕구를 가지고 목표를 설정하며 이를 달성하기 위해 자신이 주체적 학습자가 되어 평생에 걸쳐 학습 활동을 하는 것입니다.

예문

- 평생 학습은 평생 교육(lifelong education)의 개념과 맥락을 같이 한다.
- 과거에는 교육이란 학교에서만 이루어지는 것으로 간주되었으나 오늘날에는 교육이 개인의 삶 전 과정에 걸쳐서 이루어진다고 보므로 평생 학습이 등장하게 되었다.

20일

청년 실업

靑 푸를 청,
年 연령 년,
失 잃을 실,
業 일 업

일할 능력과 의사가 있는 청년들이 직업을 가지지 못하는 사회 현상

특목고 및 대입 면접 주요 용어

'청년 실업'이란?

청년 실업은 주로 15세에서 29세 또는 34세 사이 청년세대의 실업을 의미합니다. 2000년 이후 한국 경제는 '만성적인 청년 실업'이라는 문제에 봉착하게 되었는데, 2003년 대졸 구직자는 약 68만 명 정도였지만 순위 100위 안에 드는 기업들의 채용인원은 2만 명에 불과했습니다. 그 결과 2004년 기준으로 전체 실업자의 47.8%가 청년층이었고, 2014년 기준 우리나라 청년 실업률은 10%입니다.

예문

- 2010년 실질 청년 실업률은 27.4%에 달했으며 2014년에는 30.9%까지 치솟았다.
- 2015년에는 대졸 실업자만 50만 명을 넘어서는 등 청년 실업 문제는 악화일로에 있다.

21일

젠더 gender

사회적 의미의 성을 나타내는 말

> 특목고 및 대입 면접 주요 용어

'젠더'란?

젠더에는 크게 두 가지 의미가 있습니다. 우선 좁은 의미의 젠더는 '사회적인 성별, 성 역할, 성 정체성 등에 따라 사회가 부과한 특성들'입니다. 보다 넓은 의미의 젠더는 '사람들로 하여금 한 개인을 어떤 성별로 인지하게 만들고 그 성별에 따라 특정한 규범을 따르도록 하는 사회적 분류 체계'입니다. 더 구체적으로 말하자면, 젠더란 여성과 남성 사이의 차이를 만들고 성별 관계를 조직하는 방식입니다.

예문

- 젠더는 생물학적 성과 비교되는 개념이다.
- 여대의 남녀공학 전환에 대한 공론화가 진행되면서 사회 곳곳에서 '젠더 갈등'으로 비화되는 모양새다.
- 젠더 갈등은 온·오프라인을 망라하여 우리 사회에 깊숙이 스며들고 있다.

22일

혐오 표현
hate speech

인종·피부색·성별·장애·국적·종교·성적 지향 등의 특성을 이유로 개인이나 집단에 대한 적대감과 혐오감을 나타내거나 폭력과 차별을 선동하는 표현

> 특목고 및 대입 면접 주요 용어

'혐오 표현'이란?

'혐오 표현'은 '특정 속성을 가진 집단과 그 구성원에 대한 부정적 편견과 고정 관념을 바탕으로 적대감과 증오와 같은 강렬하고 부정적인 감정을 표출하는 발언'을 이르는 말입니다. 즉, 인종·피부색·성별·장애·국적·종교·성적 지향 등의 특성을 이유로 개인 또는 집단을 비방·모욕·비하·멸시·위협하는 표현이나 증오·폭력·차별을 조장·선동하는 표현을 가리킵니다.

예문

- '혐오 표현(hate speech)'이라는 말은 1980년대 중반 미국 뉴욕에서 인종 문제로 발생한 살인사건들이 사회 문제가 되면서 사용되기 시작했습니다.
- 혐오 표현의 대상은 특정 속성을 이유로 차별받는 집단입니다.
- 혐오 표현은 기본적으로 '선동'의 성격을 갖고 있습니다.

23일

미디어 리터러시

media literacy

미디어를 통해 전달되는 정보를 읽고 이해할 수 있는 능력

특목고 및 대입 면접 주요 용어

'미디어 리터러시'란?

'미디어 리터러시(media literacy)'는 '미디어(media)'와 '리터러시(literacy)'의 합성어입니다. 미디어는 정보를 전달하는 모든 매체, 리터러시는 글을 읽고 쓸 줄 아는 능력을 의미합니다. 미디어 리터러시는 미디어에 접근할 수 있고, 그것이 제공하는 정보를 비판적으로 이해하고 활용할 수 있으며, 나아가 이를 창조적으로 표현하고 소통할 수 있는 능력까지를 포함하는 능력을 가리킵니다.

예문

- 정보를 이해하고 활용할 수 있는 미디어 리터러시에 대한 필요성이 과거에 비해 더욱 중요해지고 있다.
- 미디어 리터러시는 대중이 담론에 대해 이해하고 기여할 수 있게 하며, 결국 그들의 지도자를 선출할 때 옳은 결정을 내릴 수 있게 한다.
- 미디어 리터러시는 가짜 뉴스와 같은 무분별한 정보가 넘쳐나는 환경 속에서 신뢰할 만한 정보를 골라낼 줄 알게 한다.

24일

가상 화폐

假 거짓 가,
想 형상 상,
貨 재화 화,
幣 돈 폐

온라인 네트워크상에서 발행되어 온라인과 오프라인에서 사용할 수 있는 디지털 화폐

특목고 및 대입 면접 주요 용어

'가상 화폐'란?

가상 화폐는 화폐 개발자가 온라인에서 발행하여 온·오프라인의 특정 커뮤니티에서 거래 수단으로 사용합니다. 가상화폐는 중앙은행이나 금융기관 등 공인기관이 관리에 관여하지 않으므로 개발자가 화폐 발행 규모를 자율적으로 관리합니다. 전자 화폐와 달리 가상 화폐는 발행 기업의 서비스 내에서만 통용됩니다.

예문

- 암호 화폐는 개발자가 발행에 관여하지 않으며 인터넷 같은 가상공간 뿐 아니라 현실에서도 통용되므로 가상 화폐와는 차이가 있다.
- 가상 화폐에는 인터넷 쿠폰, 모바일 쿠폰, 게임 머니 등이 있다.
- 2012년 유럽 중앙은행(European Central Bank)은 가상 화폐를 "가상화폐 발행자가 발행·관리하고, 특정 가상 커뮤니티의 구성원들 사이에서 이용되며 대부분 법적 규제를 받지 않는 디지털 화폐"라고 정의하였다.

25일

메타버스 Metaverse

현실 세계와 같은 사회·경제·문화 활동이 이뤄지는 3차원 가상 세계

> 특목고 및 대입 면접 주요 용어

'메타버스'란?

'메타버스(Metaverse)'는 '가상'을 뜻하는 '메타(meta)'와 '우주'를 뜻하는 '유니버스(universe)'의 합성어로, 현실 세계와 같은 사회·경제·문화 활동이 이뤄지는 3차원의 가상 세계를 가리킵니다. 메타버스는 가상 현실(컴퓨터로 만들어 놓은 가상의 세계에서 사람이 실제와 같은 체험을 할 수 있도록 하는 최첨단 기술)보다 한 단계 더 진화한 개념으로, 게임이나 가상 현실을 즐기는 데 그치지 않고 아바타를 활용해 실제 현실과 같은 사회·문화적 활동을 할 수 있는 특징이 있습니다.

예문

- 메타버스는 1992년 미국 SF 작가 닐 스티븐슨의 소설 《스노 크래시》에 처음 등장한 용어이다.
- 메타버스는 5G 상용화에 따른 정보통신기술 발달과 코로나19 팬데믹에 따른 비대면 추세 가속화로 점차 주목받고 있다.
- 2003년 린든 랩(Linden Lab)이 출시한 3차원 가상현실 기반의 '세컨드 라이프(Second Life)' 게임이 인기를 끌면서 메타버스가 널리 알려지게 되었다.

26일

세계 시민 의식

global citizenship

자신을 세계의 시민으로 인식하며, 세계의 일원으로 책임감을 가지며 살아가는 태도

특목고 및 대입 면접 주요 용어

'세계 시민 의식'이란?

'세계 시민 의식(global citizenship)'은 '자신을 세계의 시민으로 인식하고, 세계적 문제에 대해 책임감을 가지고, 다양한 문화와 배경을 가진 사람들과 더불어 살아가려는 태도'를 이르는 말입니다. 국가라는 시공간을 넘어 국제 사회 또는 인류와 같이 더 큰 운명 공동체와 연대하려는 의식에서 비롯된 것입니다.

예문

- 세계 시민 의식은 세계관이나 교육이 지향하는 가치들을 묘사할 때 가장 많이 쓰인다.
- 세계 시민 의식 교육의 개념은 다문화 교육, 평화 교육, 인권 교육, 지속 가능한 개발을 위한 교육과 국제 교육을 대체하거나 지배하기 시작했다.
- 최근에, 세계 여론 조사 요원과 심리학자들은 세계 시민 의식의 관점에서 개인의 차이를 연구했다.

27일

주5일 근무제

週 일주일 주, 五 다섯 오, 日 날 일, 勤 일 근, 務 일 무, 制 마를 제

1주일에 5일 동안 일을 하고, 나머지 이틀은 쉬는 제도

특목고 및 대입 면접 주요 용어

'주5일 근무제'란?

법정 노동시간을 주당 40시간 이내로 한정하면, 하루에 평균 8시간씩
노동을 하게 되어 1주일에 5일만 일하면 됩니다. '주5일 근무제(週五日勤務制)'는
'1주일에 5일 동안 일을 하고, 나머지 이틀은 쉬는 제도'를 말하는데,
'주40시간 근무제'라고도 합니다. 프랑스는 1936년, 독일은 1967년, 일본은
1987년부터 주40시간 근무제를 실시하였고, 우리나라는 2004년 7월부터
단계적으로 실시하고 있습니다.

예문

- 주5일 근무제는 1908년 미국 뉴잉글랜드의 면 농장에서 유대인의 안
  식일을 위하여 토요일에 쉬던 것에서 처음 시작되었다.
- 1926년 헨리 포드가 토·일요일에 기계를 강제로 꺼 버리면서 주5일
  근무제가 전 미국 기업에 전파되었다.
- 한국은 1998년 2월부터 주5일 근무제를 추진하기 시작해 2000년 5
  월 노사정위원회에서 근로시간단축특별위원회를 구성하였다.

28일

저출산

低 낮을 저,
出 날 출,
産 낳을 산

사회 전반적으로 아이를 적게 낳아 출산율이 감소하는 현상

> 특목고 및 대입 면접 주요 용어

'저출산'이란? ▶

'저출산(低出産)'은 '출산율이 한 나라의 인구 유지에 필요한 최소 합계출산율인 2.1명보다 더 낮은 현상'을 말합니다. 출산율을 나타내는 대표적인 지표로 합계출산율(TFR, Total Fertility Rate)을 사용하는데, 합계출산율은 한 명의 여성이 가임 기간(15세~49세) 동안 낳을 것으로 예상되는 평균 자녀 수입니다. 우리나라의 합계출산율은 해마다 크게 줄고 있습니다.

예문

- 최근 저출산으로 인구수가 줄어들고 있다.
- 한국에서 저출산의 주된 요인으로 지적되는 것은 높은 집값과 주거 비용 그리고 일자리이다.
- 출산율이 1.3% 미만인 국가는 초저출산 국가인데, 한국은 초저출산 국가가 된 지 오래되었다.
- 우리나라의 2024년 합계출산율은 0.68%로 전망되어 초저출산 국가보다도 훨씬 낮아질 예정이다.

29일

고령화

高 높을 고,
齡 나이 령,
化 될 화

한 사회에서 노인의 인구 비율이 높은 상태

특목고 및 대입 면접 주요 용어

'고령화'란?

'고령화(高齡化)'는 '65세 이상의 노인 인구가 차지하는 비율이 총인구의 7% 이상인 경우'를 이르는 말입니다. 65세 이상의 노인 인구가 차지하는 비율이 14% 이상인 경우는 고령 사회, 20% 이상인 경우는 초고령 사회라고 합니다. 우리나라는 2000년에 65세 이상의 노인 인구가 총인구의 7.2%를 차지하면서 이미 고령화 사회에 진입하였고, 2025년 초고령 사회가 될 것으로 예상됩니다. 저출산과 고령화로 생산 가능 인구가 감소하면 경제 성장률이 낮아질 뿐만 아니라 조세 부담과 사회 보장비 부담이 증가해, 세대 간의 갈등이 심화될 수 있습니다.

예문

- 고령화 현상은 미래 사회 전반에 걸쳐 큰 영향을 미치게 된다.
- 우리나라는 평균 수명이 늘어남에 따라 노인층이 많아져 고령화가 빠르게 진행되고 있다.
- 고령화로 2065년에는 우리나라 GDP(국내총생산)의 26.9%에 달하는 금액이 사회보장 재정으로 사용될 전망이다.

12월

30일

미세먼지

微 작을 미,
細 가늘 세,
먼지

눈에 보이지 않을 정도로 입자가 작은 먼지

> 특목고 및 대입 면접 주요 용어

'미세먼지'란?

미세먼지는 석탄·석유 등의 화석연료를 태우거나 공장·자동차 등의 배출가스에서 많이 발생합니다. 미세먼지는 지름이 $10\mu m$ 이하인 먼지로 눈에 보이지 않을 정도로 작습니다. 이보다 작은 먼지를 초미세먼지라고 하는데, 초미세먼지는 $2.5\mu m$ 이하이고 사람 머리카락의 약 1/20~1/30에 불과할 정도로 매우 작습니다. 이처럼 눈에 보이지 않을 만큼 매우 작기 때문에 대기 중에 머물러 있다 호흡기를 거쳐 폐 등에 침투하거나 혈관을 따라 체내로 들어감으로써 건강에 나쁜 영향을 미칠 수도 있습니다.

예문

- 미세먼지를 줄이기 위해서는 석탄·석유 등의 화석연료 대신 친환경 에너지를 사용해야 합니다.
- 2013년에 국제암연구소는 미세먼지를 사람에게 발암이 확인된 1군 발암물질로 지정하였다.
- 미세먼지는 입자의 크기에 따라 미세먼지와 초미세먼지로 나누기도 한다.

31일

신재생 에너지

新 새로울 신, 再 거듭 재, 生 날 생, energy

신에너지와 재생 에너지를 아울러 이르는 말

특목고 및 대입 면접 주요 용어

'신재생 에너지'란?

'신재생 에너지'는 '연료 전지, 수소 에너지, 태양열 에너지,
해양 에너지 등'을 가리킵니다. 석유와 석탄 등을 연소해 발생하는
화석연료와 달리 신재생에너지는 오염 물질이 거의 발생하지 않습니다.
기후 변화에 대비하기 위해서는 신재생 에너지를 사용해야 합니다. 에너지는
한 형태에서 다른 형태로 변환될 수 있지만 새로 생기거나 사라지지 않습니다.
다만 에너지가 다른 에너지로 전환될 때 100% 전환되지 않고, 그중 많은
에너지가 열에너지로 변하여 주위로 흩어져 버리기 때문에 재활용이
어려워집니다. 따라서 에너지를 절약해야 합니다.

예문

• 정부는 민관 협동으로 40조를 투자해 신재생 에너지 산업을 육성한다.
• 구미 국가 산업 단지는 디스플레이와 모바일 중심에서 신재생 에너지,
  의료 전자 기기 등 차세대 성장 산업의 중심으로 대규모 투자가 집중되
  고 있다.
• 신재생 에너지 중 상용화 차원에서 가장 높은 가능성을 지닌 수소 연료
  전지가 발전용으로 새롭게 뜨는 분위기다.